PETITE BIBLIOTHEQVE AGRICOLE PRATIQVE

Publiée sous la direction DE

J. RAYNAUD

MANUEL D'APICULTURE PRATIQUE

20 CENTIMES

A. L. GUYOT.

Editeur

PARIS — 12 Rue Paul-Lelong

L'OR POUR TOUS

La Gordon Watch American Society de Chicago, hors concours à Paris en 1900 pour son nouveau métal l'**Oréïne**, vient de fonder, à Paris, un Comptoir pour l'Europe et ses dépendances ; l'**Oréïne** est de l'or natif allié à un métal composé qui doit demeurer secret ; que vous dirons-nous de plus lorsque vous

saurez que plus d'un horloger a payé, comme **or pur**, ce qui n'était que de **l'Oréïne ?** Même poids, mêmes caractères atomiques, même texture, même aspect. La Gordon Watch, appliquant l'**Oréïne** à la bijouterie en général et à l'horlogerie en particulier, a composé des types d'un goût parfait, d'une splendeur éblouissante, d'une rutilance sans égale ayant en tous points et d'une façon absolue l'éclat de l'or le plus pur et le plus fin. Deux types de montres en **Oréïne** d'une solidité à toute épreuve sont offerts au public éclairé au prix incroyable de **vingt-neuf francs :**

1º Une savonnette remontoir homme, 19 lignes, double cuvette, boîte guillochée, mouvement doré, balancier à ancre, spirale en acier trempé, cadran extra riche, chiffres arabes ou romains, secondes indépendantes ;

2º La même, charmante savonnette en 11 lignes, pour dames.

Ces deux superbes chronomètres examinés et réglés avec soin avant la livraison sont semblables à un chronomètre de précision de 500 fr. Le mouvement est garanti trois ans.

Tout le monde peut se procurer ces deux chronomètres en Oréïne puisqu'ils **sont vendus à crédit.** Leur excellence est certaine puisque les fabricants ne craignent pas de livrer leurs montres avant d'en être payés. Elles sont reprises dans les trois jours si elles ne convenaient pas. Rien à **payer d'avance :** 9 fr. 50 après livraison, 9 fr. 50 le mois suivant, 10 fr. le troisième mois, jusqu'à concurrence de la somme de 29 francs, prix de chaque montre. Aux dix mille premiers souscripteurs, il sera fait cadeau d'une magnifique épingle de cravate garantie or et argent. En raison des commandes importantes qui nous parviennent de toutes parts, nous demandons un délai de 12 jours pour l'envoi des montres.

La GORDON WATCH n° 2 en Oréïne, mouvement garanti 10 ans. Prix 55 fr. payables 14 fr. 75 par mois.

S'adresser : Collection A.-L. GUYOT, 12, rue Paul-Lelong, Paris.

643

PETITE BIBLIOTHÈQUE AGRICOLE PRATIQUE

PETITE
BIBLIOTHÈQUE AGRICOLE PRATIQUE

publiée sous la direction de

J. RAYNAUD

Directeur de l'École pratique d'Agriculture de Fontaines
(Saône-et-Loire).

TOME XIII

MANUEL
D'APICULTURE PRATIQUE

Le Rucher du Cultivateur

Par R. HOMMELL

Ingénieur agronome, professeur régional d'Apiculture

PARIS
A.-L. GUYOT, ÉDITEUR
12, rue Paul-Lelong

INTRODUCTION

L'Apiculture est l'art d'exploiter les abeilles de manière à en obtenir économiquement la quantité la plus considérable de produit. De toutes les petites industries agricoles, c'est celle qui est susceptible de fournir, avec le moins de dépenses et de soins, les bénéfices les plus rémunérateurs; il n'en est pas cependant qui soit généralement aussi peu connue dans ses principes scientifiques, et aussi mal pratiquée par la plupart des habitants de nos campagnes. Les statistiques publiées par le Ministère de l'Agriculture nous montrent que nos paysans élèvent de moins en moins de ruches, et que l'élevage des abeilles disparaît de plus en plus dans notre pays.

En 1862, nous possédions 2.426.578 ruches en activité, produisant pour 24.203.654 fr. de miel et de cire.

En 1882, 1.974.559 ruches, produisant 19.913,662 fr. de miel et de cire.

En 1892, 1.603.572 ruches, produisant 15.851.995 fr. de miel et de cire.

En 1898, 1.586.715 ruches, produisant 15.244.850 fr. de miel et de cire.

Dans d'autres pays, au contraire, l'Apiculture

prend de jour en jour une prospérité plus grande. Pendant que cette industrie diminue chez nous de 33 o/o environ, en Allemagne elle augmente de 40 o/o ; en Alsace-Lorraine, le nombre des ruches à cadres mobiles s'accroît de 15û o/o dans les dix dernières années ; en Hongrie, où l'Etat dépense près de 100.000 couronnes par an pour l'enseignement de l'Apiculture, l'accroissement de la valeur du miel et de la cire vendus annuellement dépasse 3oo o/o de 1887 à 1899. En Suisse, certains cantons comptent plus de 35o ruches par 1.000 habitants et près de 3o par kilomètre carré, alors que nous en possédons à peine 3 pour la même surface.

Il est à remarquer que les pays où nous constatons ce développement admirable, sont précisément ceux où l'Etat a organisé d'une manière complète l'enseignement normal de l'Apiculture. Depuis le commencement de l'année 1900, le Ministère de l'Agriculture a créé une chaire régionale d'Apiculture du Centre de la France ; de nombreuses conférences ont été faites et les résultats obtenus sont déjà appréciables ; nous exprimons l'espoir que cet enseignement s'étendra bientôt à notre pays tout entier, si propice partout à l'entretien de nombreuses ruches.

Puisse ce petit livre, conçu dans un esprit essentiellement pratique, faire naître le goût de l'élevage des abeilles dans l'esprit de ses lecteurs, ou le développer chez ceux qui s'en occupent déjà, en leur enseignant les améliorations à apporter dans leurs procédés d'exploitation.

Il en résultera, pour les populations de nos campagnes, un accroissement de richesse non seulement par l'augmentation du miel et de la cire récoltée, mais surtout par une production plus considérable et plus parfaite en fruits et en graines. Tout le monde sait, en effet, que les abeilles exercent l'influence la plus heureuse sur la fécondation des fleurs, et que les graines et les fruits obtenus par leur intervention sont non seulement plus nombreux, mais aussi beaucoup plus beaux.

APICULTURE PRATIQUE

CHAPITRE PREMIER

Constitution des colonies d'abeilles

On donne le nom de *colonie* à l'ensemble des individus qui constituent la population d'une ruche; la *ruchée*, c'est l'habitation avec la colonie qui s'y trouve.

Il est indispensable, pour pratiquer la culture des abeilles avec succès, de posséder des notions élémentaires, mais précises, sur la constitution des colonies et la manière de vivre de ces insectes industrieux; la plupart des échecs dont se plaignent les débutants, la ruine de beaucoup de ruchers, n'a pas d'autre cause que le manque de connaissances suffisantes à cet égard.

Vous avez certainement eu la curiosité, par une belle journée du mois de mai ou de juin, de vous

placer près d'une ruche et d'observer le va-et-vient
incessant des mouches. Du premier coup d'œil,
vous avez remarqué que toutes ne se ressemblent
pas ; les plus nombreuses, qui sont aussi les plus
petites, rentrent les pattes de derrière chargées d'une
matière blanche, rouge, jaune ; d'autres ressortent
débarrassées de leur fardeau et s'envolent aussitôt,
presque sans bruit ; ce sont les *ouvrières*, et la substance fixée sur leurs pattes est le pollen qu'elles
viennent de recueillir dans les fleurs. Votre attention
a été bientôt détournée par d'autres mouches beaucoup plus grosses, beaucoup plus bruyantes surtout,
bourdonnantes dès leur essor, et celles-là ne portent
jamais de pollen ; vous pouvez sans crainte en saisir
une dans votre main, elles n'ont point d'aiguillon
pour vous piquer, et pressant l'abdomen entre vos
doigts, vous en verrez saillir deux corps blanchâtres
en forme de corne, entre lesquels se trouve une partie brunâtre : le *pénis*. Ces grosses mouches sont en
effet des *mâles*.

Si, poussant vos investigations plus loin, vous
ouvrez la ruche et qu'après un enfumage préalable
vous en sortez quelques rayons, surtout ceux du
centre, un examen attentif, aidé d'un peu de chance,
vous fera découvrir une mouche, mais une seule,
plus longue que les mâles, mais moins grosse, et
caractérisée surtout par un abdomen très développé
et de couleur plus claire, dépassant de beaucoup
es ailes qui semblent courtes. C'est la *Mère* ou
Reine.

Nous trouvons donc dans une ruche normalement
constituée et au moment de la miellée trois espèces

d'individus : la mère, les ouvrières et les mâles. Leur réunion forme la *famille* ou *colonie.* Nous allons voir quel est le rôle de chacun d'eux. (Fig. 1.)

LA MÈRE OU REINE. — La mère est la seule femelle de la ruche dont les organes génitaux soient complètement développés; seule par conséquent elle peut être fécondée et contribuer à l'accroissement utile de la colonie. C'est avec raison qu'on lui donne le nom de mère, puisque tous les habitants de la ruche sont produits par elle; la désignation de

Fig. 1. — Les habitants de la ruche.

reine, plus généralement adoptée, est impropre, car cette prétendue souveraine obéit plutôt qu'elle ne commande. Elle possède un aiguillon dont elle ne se sert jamais contre l'homme.

La reine ne sort seule de la ruche qu'une fois dans sa vie, pour se faire féconder, du cinquième au neuvième jour après son éclosion. Dans un seul accouplement, elle fait provision d'une quantité suffisante de spermatozoïdes pour imprégner tous ou presque tous les œufs auxquels elle donnera naissance; dès que la fécondation a eu lieu dans les airs, elle rentre au domicile pour n'en plus jamais sortir qu'avec un essaim. Nuit et jour, elle pond pendant toute la durée de la belle saison, c'est-à-dire du mois de février au mois d'octobre, un nombre d'œufs qui peut dépasser 3.000 en vingt-quatre heures.

La mère est uniquement une pondeuse ; la conformation anatomique de ses organes lui interdit d'être autre chose : sa langue, trop courte, n'atteindrait pas le nectar déposé au fond des fleurs et ses pattes sont dépourvues des corbeilles qui servent aux ouvrières à amasser le pollen.

La durée de son existence est de quatre à cinq années, mais sa fécondité, qui est au maximum à la deuxième année, décroît à partir de la troisième.

Une colonie qui a perdu sa mère est dite *orpheline*. Une famille à laquelle cet accident est arrivé et qui n'a pas pu le réparer par des moyens que nous indiquerons plus loin, se désorganise, ne travaille plus et voit sa population diminuer et finalement disparaître au bout d'un temps plus ou moins long, faute d'éclosions nouvelles pour combler les vides que la mort fait au milieu des travailleuses.

Certains signes indiquent à l'agriculteur qu'une colonie est devenue orpheline : si, dans les premiers jours du printemps, on vient à frapper contre les parois de l'habitation, une ruche orpheline fait entendre un bruissement faible à l'origine, qui dure longtemps et va en augmentant d'intensité ; si, au contraire, la reine est présente, le bruissement se produit d'un seul coup avec toute sa force et cesse rapidement. Les orphelines, surtout dans les deux ou trois premiers jours, montrent une agitation caractéristique : les ouvrières affolées courent rapidement et sans but devant l'entrée; les butineuses chargées de pollen ressortent et rentrent sans déposer leur charge. Lorsque, dans un rucher, une ruche conserve à la fin de la saison, ses mâles, alors que toutes les autres les ont chassés, il est probable que cette ruche est orpheline. Lorsque les caractères que je viens d'indiquer s'observent, il faut immédiatement ouvrir la ruche et rechercher la reine, ce qui n'est pas toujours facile, pour s'assurer de son absence et y remédier au plus vite.

La reine peut se perdre de plusieurs manières : sortie pour se faire féconder, ses ailes sont souvent trop défectueuses pour lui permettre de voler assez longtemps ; elle peut être dévorée par un oiseau, tuée par les ouvrières d'une ruche étrangère où elle se sera fourvoyée au retour de son voyage nuptial, écrasée lors d'une visite faite avec peu de soin, devenir inféconde sous l'influence du froid, de la faim ou de la vieillesse, être tuée enfin par les abeilles de sa propre ruche, irritées par une manipulation intempestive.

La règle générale est qu'il n'y a qu'une seule de ces femelles complète par colonie ; on a cependant cité des cas, surtout dans les essaims secondaires, où deux mères existent ensemble pendant quelques jours. Mais cet état de choses n'est jamais que transitoire et l'une des deux finit bientôt par disparaître.

Il y a des cas où l'apiculteur introduit volontairement deux mères dans la même ruche : par exemple lorsqu'il réunit deux essaims ou deux colonies trop faibles pour en constituer une forte, ou encore quand il rend à la souche l'essaim tardif qui vient d'en sortir. Dans ses « *Nouvelles observations sur les abeilles* », Huber rapporte que les deux reines se précipitent avec fureur l'une sur l'autre, cherchant se transpercer de leur aiguillon, et que la plus faible périt dans le combat. Ce n'est pas ainsi que les choses se passent en général ; ce sont les ouvrières elles-mêmes qui procèdent à la sélection en détruisant la femelle qui leur paraît le moins apte à remplir ses fonctions ; si l'on visite la ruche peu de temps après la réunion, on trouvera souvent le cadavre enserré de toutes parts par une grosse pelote d'abeilles.

LES MALES. — Je vous ai appris à connaître ces grosses mouches qui produisent en volant un bruit très fort et particulier ; on les appelle pour cette raison les *faux bourdons*. A les entendre, on pourrait croire qu'ils font tout le travail ; très affairés, ils entrent et sortent sans cesse de la ruche ; ce ne sont cependant que de vulgaires parasites, passant leur temps à se promener, à dormir ou à dévorer les provisions accumulées dans les rayons. Il faut ajouter que, s'ils ne font rien, cela tient à ce que la nature ne les a dotés d'aucun instrument de travail : de même que chez les reines, leurs pattes postérieures ne possèdent pas les corbeilles qui servent à recueillir et à rapporter le pollen ; leur langue est également trop courte pour atteindre les nectars placés au fond des corolles ; ils ne possèdent pas non plus d'aiguillon pour se défendre, ni de glandes pour sécréter la cire. Leur unique fonction est de féconder les jeunes reines encore vierges, qui naissent en même temps que les premiers essaims. Ceux-ci sortent : dans le Midi, dès le mois d'avril; dans le Nord et le Centre, en mai et juin; de juin à août dans les pays de bruyère et de sarrasin ; c'est à la même époque que les mâles font normalement leur apparition. On les voit alors voler en troupes nombreuses aux alentours du rucher ; sitôt qu'une femelle non encore fécondée sort de sa ruche et prend son vol, tous s'élancent à sa suite jusqu'à ce que l'un d'eux, plus agile et plus vigoureux, s'accouple avec elle au milieu des airs. Le mâle meurt bientôt après.

On peut évaluer à 2.000 ou 3.000 au moins les faux bourdons qui naissent dans une forte ruchée depuis avril-mai jusqu'à juillet-août. Si l'on veut bien réfléchir qu'une reine, dont l'existence peut se prolonger pendant quatre ou cinq ans, n'est fécondée qu'une fois pendant toute sa vie et par un seul mâle, on trouvera que la nature a fait largement les choses, trop largement même, disent les apiculteurs entendus, qui savent que la production de 1.000 mâles qui ne rapportent rien coûte autant que celle de 1.500 ouvrières et tient autant de place.

Nos efforts devront donc tendre à en réduire le nombre à quelques douzaines seulement par colonie; nous y arriverons facilement en guidant les abeilles dans leurs constructions à l'aide de la cire gaufrée. Les cellules qui servent de berceau au couvain des mâles sont en effet plus grandes

que celles qui reçoivent le couvain des ouvrières,
et c'est avec les rudiments d'alvéoles d'ouvrières
seulement que l'on imprime les feuilles de cire
gaufrée.

Il ne faudrait cependant pas pousser les choses à
l'extrême et s'efforcer de détruire le couvain de
mâles au fur et à mesure de sa production, de manière à les faire disparaître complètement. Ce serait
là une faute ; si le nombre trop considérable de ces
insectes est une calamité, leur présence en quantité
restreinte est une nécessité absolue. Une colonie
sans mâles est inquiète et cherche partout les
moyens à en obtenir ; si même la ruche est entièrement garnie de cire gaufrée, où toutes les cellules
mécaniquement creusées ont la dimension d'alvéoles
d'ouvrières, les abeilles savent en détruire l'agencement régulier et intercaler çà et là, mais alors en
nombre restreint, des grandes cellules de faux bourdons.

Les ruches produisent d'habitude des essaims
pendant tout le temps où les fleurs, riches en nectar,
promettent à la famille nouvelle des ressources suffisantes ; pendant ce même temps aussi, les mâles,
qui peuvent trouver à remplir la fonction qui leur a
été dévolue, sont-ils bien traités par les ouvrières :
toutes les ruches leur sont ouvertes et ces gros pares-
seux pratiquent en conscience le « *ubi bene, ibi
patria* ». Mais un orage vient-il à hacher les corolles,
l'avancement de la saison à dessécher les nectaires, a
disette, en un mot, est-elle à craindre ? aussitôt les
greniers leur sont fermés ; impitoyablement chassés
de partout, réduits à passer la nuit à la belle étoile,

ils ne tardent pas à mourir de froid et de faim. On trouve en masse leurs cadavres jonchant le sol, leurs larves mêmes, extraites des alvéoles, sont jetées hors de l'habitation. Une colonie qui à ce moment ne se débarrasse pas de ses mâles est probablement orpheline.

La ponte des mâles reprend toutes les fois qu'une récolte nouvelle fait espérer de nouveaux essaims, pour s'interrompre dès que cette espérance est déçue.

Le mâle n'est apte à la fécondation qu'une huitaine de jours au plus tôt après sa naissance.

On a quelquefois émis l'idée qu'ils servent à échauffer le couvain pour hâter son éclosion ; c'est là une erreur, car ils naissent précisément à l'époque où, la chaleur étant le plus considérable, les abeilles cherchent plutôt à s'y soustraire qu'à l'augmenter.

Leur présence en quantité presque exclusive indique que la reine est vieille, bourdonneuse, ou absente et remplacée par des ouvrières pondeuses qui ne peuvent produire que des mâles.

LES OUVRIÈRES. — Seules elles se livrent au travail de la récolte du miel et du pollen, à l'élaboration de la cire, à l'élevage du couvain ; en un mot, à tous les soins qui assurent la prospérité de la famille. Plus il y en a, mieux cela vaut, surtout dans les régions à miellées courtes ; leur nombre, souvent inférieur à 20,000 dans les petits paniers des campagnes, peut dépasser 100,000 dans les très grandes ruches. Elles sont plus petites que les reines et les mâles, dont voici les dimensions comparatives :

ESPÈCES	MESURES EN MILLIMÈTRES			POIDS EN FRACTION DE GRAMMES
	Longueur	Largeur les ailes ouvertes	Diamètre du corselet	
Reine......	16 à 18	24	4,5	0,16 à 0,21
Ouvrière...	12 à 13	23	4	0,11
Mâle......	15	28	5,5	0,23

Beaucoup d'auteurs qualifient les ouvrières du nom de *neutres* ; en réalité, ce sont des femelles, mais des femelles dont les organes génitaux sont très réduits et à l'état si rudimentaire que l'accouplement est impossible. Cependant, par un phénomène bizarre et encore inexpliqué, certaines de ces femelles non fécondées peuvent, lorsque la colonie est devenue orpheline, se mettre à pondre, mais seulement des œufs qui ne donneront que des mâles ; on leur donne le nom d'*ouvrières pondeuses*.

Le travail des ouvrières est parfaitement réglé, et, suivant leur âge, leurs fonctions sont différentes.

Ce n'est que 14 à 16 jours après sa naissance que la jeune abeille devient *butineuse*; comme l'œuf de l'ouvrière demande 21 jours pour fournir un insecte parfait, c'est seulement 35 à 37 jours après la ponte que les insectes qui en sont issus commencent à se livrer à la récolte du miel. Jusqu'à ce moment les jeunes sont uniquement occupées à des travaux intérieurs.

L'illustre naturaliste genevois Huber pensait même que chacune d'entre elles ne remplissait qu'une seule fonction jusqu'au moment où, suffi-

samment vigoureuse, elle prendrait part à la récolte.
Il distinguait les *cirières*, plus grosses, chargées de
la construction des rayons et de la production de la
substance qui les forme ; les *nourricières*, plus
petites, élaborant par une première digestion la
bouillie alimentaire des larves, procédant à sa dis-
tribution et soignant le couvain ; les *ventileuses*,
qu'il est facile de remarquer à l'entrée des ruches,
surtout le soir, lorsque la récolte de la journée a été
abondante, agitant leurs ailes avec une grande rapidité et produisant un courant d'air destiné à renou-
veler l'atmosphère, pour évaporer ainsi l'eau que le
miel frais contient en trop grande abondance et
qui nuirait à sa conservation ; les *sentinelles*, postées
à l'entrée, arrêtant au passage les étrangères pillardes ;
d'autres enfin, vaquant à des soins plus modestes,
rejetant au dehors les immondices et les cadavres
d'abeilles mortes.

En réalité, les ouvrières font tout cela, mais aucune
n'est cantonnée dans un service distinct. Toutes
nées dans des cellules égales ont d'égales dimensions ;
tour à tour elles sont *cirières, nourricières, ventil-
leuses,* ou *gardiennes,* suivant que le besoin de l'une
ou l'autre fonction se fait le plus sentir.

Il semble qu'en avançant en âge, les ouvrières
éprouvent une difficulté de plus en plus grande à
remplir certaines fonctions : la cire est secrétée en
moins grande abondance et surtout la bouillie
alimentaire des larves n'est plus élaborée avec la
même facilité. Cette dernière observation est très
importante dans la pratique : elle explique en partie
pourquoi il est mauvais de déranger les ruches de

trop bonne heure ; ces visites prématurées poussent en effet la reine à pondre trop abondamment au début de la saison, et les vieilles ouvrières qui, seules, subsistent encore à la sortie de l'hiver, sont incapables de pourvoir à l'alimentation d'une trop grande quantité de couvain.

L'aspect extérieur de l'insecte se modifie également ; de suite après l'éclosion, l'ouvrière est de couleur grisâtre et de taille plus petite ; ses dimensions grandissent rapidement ; son corps, d'abord couvert de poils, devient luisant et poli ; les ailes s'effrangent par suite des froissements et des heurts, conséquences de ses courses au dehors.

La vie des ouvrières est courte : les fatigues et les accidents l'abrègent ; les oiseaux, les insectes apivores, les froids, les pluies, les vents et les orages en font périr un grand nombre. En été, saison des grands travaux et des grandes fatigues, elles vivent 35 jours en moyenne ; celles qui naissent à la fin de cette période passent l'hiver dans le repos et peuvent vivre jusqu'à 150 jours. On peut donc dire qu'une colonie renouvelle sa population deux à trois fois dans le courant de l'été et une fois depuis le mois d'octobre jusque dans le courant d'avril.

On sait enfin que 10,000 ouvrières pèsent environ 1 kilogramme.

LES RACES D'ABEILLES. — L'une des plus grandes préoccupations des personnes qui débutent en apiculture est le choix de la race d'abeilles à exploiter. Tout le monde a plus ou moins entendu parler de races étrangères, et l'on est généralement porté à leur attribuer des qualités que les nôtres n'auraient pas.

Les races d'abeilles sont nombreuses, celle que l'on cultive le plus habituellement dans nos régions tempérées est la race noire ou commune répandue dans toute la France et qui peuple les ruches vulgaires de nos campagnes. A côté d'elle on a introduit, depuis un certain nombre d'années, des colonies d'origines très diverses ; les plus connues sont les Italiennes, les Carnioliennes et les Chypriotes.

L'Abeille commune ou noire est répandue, non seulement dans presque toute l'Europe, mais encore dans beaucoup de pays exotiques : Amérique, Australie, Nouvelle-Zélande, etc., où elle donne des résultats excellents. Le corps de l'ouvrière est à peu près cylindrique et le corselet mesure 4 $^m/^m$ de diamètre ; jeune, le corps tout entier est recouvert de poils, noirâtres sur la tête, d'un roux brun sur le corselet, l'abdomen est cerclé d'un fin duvet plus clair. Au fur et à mesure que l'abeille avance en âge, les poils disparaissent et le corps devient noir et luisant. Les mâles mesurent 5 $^m/^m$ 5 de diamètre au corselet et les reines 4 $^m/^m$ 5. Les constructions qu'elle établit sont belles et régulières ; cette race est active, assez prolifique et relativement douce et facile à manipuler. Sa grande qualité est d'être parfaitement adaptée à nos climats ; elle ne souffre point de la rigueur de nos hivers. En un mot, la race commune est excellente sous tous les rapports et j'estime qu'aucune autre ne lui est supérieure, ni même équivalente, pour nos régions. C'est à elle que l'on devra s'adresser de préférence pour la création d'un rucher de produit ; il est du reste plus facile de se la procurer qu'aucune autre espèce, puisqu'elle se trouve partout, et le prix des colonies est moins élevé.

L'abeille commune a donné des sous-races intéressantes. Je signalerai en premier lieu l'*abeille algérienne* ou *kabyle*, qui est du reste identique à l'*abeille de Tunisie*. Quelques auteurs ont essayé d'en faire une espèce tout à fait distincte, sous le nom d'*apis niger*; mais c'est une erreur. Cette abeille est plus petite que la nôtre d'environ 2 millimètres et un peu plus noire; elle est extrêmement robuste et active, travaillant, dans son pays, depuis avant le lever jusque bien après le coucher du soleil et y récoltant du miel par des temps très secs et sur des fleurs où les nôtres ne trouvent rien. Les reines sont d'une extraordinaire fécondité, et M. Baldensperger a compté, dans une seule ruche, jusqu'à vingt-six rayons de couvain; aussi l'essaimage atteint-il des proportions inusitées : une même souche essaime communément jusqu'à sept ou huit fois dans la même année et les essaims se divisent eux-mêmes souvent un mois après. C'est là un grave défaut, parce qu'un essaimage aussi exagéré affaiblit les familles et diminue la récolte; cela impose, pour obtenir de l'abeille algérienne tout ce qu'elle peut donner, des ruches de très grandes dimensions. Non seulement l'abeille algérienne essaime beaucoup, mais encore elle élève un nombre très considérable de reines, à tel point que les essaims qu'elle produit sont caractérisés par la présence d'une quantité extraordinaire de ces femelles ; on peut en trouver jusqu'à cent dans un seul essaim, et les derniers qui sortent se composent pour près de la moitié de jeunes reines. Ces abeilles sont enfin pillardes et méchantes à un très haut degré. On a essayé de les acclimater en France et en Suisse, mais les résultats obtenus n'ont pas été satisfaisants.

On a aussi beaucoup parlé autrefois de la variété dite des *Bruyères* ou du *Lunebourg* (Allemagne); on la signalait comme remarquable par la fécondité des mères et son activité. Personne, à ma connaissance, ne l'a utilisée en France d'une manière suivie et, du reste, je ne crois pas qu'elle diffère en quoi que ce soit de notre abeille commune.

L'abeille italienne est, comme son nom l'indique, originaire de l'Italie ; ce sont les environs de Bologne, de Parme, Bergame et Modène qui sont renommés comme possédant le type le plus pur. A première vue, l'abeille italienne se distingue de l'abeille noire par sa couleur plus claire, des formes plus allongées, plus élégantes, et surtout par les trois bandes d'un jaune orangé très vif dessinées sur les trois premiers segments de l'abdomen ; le reste du corps est couvert de poils gris jaunâtre et l'extrémité de l'abdomen est noir.

C'est vers 1860 que la race italienne fut introduite en France, et ce fut tout de suite un engouement dont on n'est pas encore complètement revenu. A entendre les premiers introducteurs, les marchands surtout, qui vendaient les reines à un prix élevé, les italiennes possédaient toutes les qualités et aucun défaut. On leur attribuait, entre autres supériorités, celle d'avoir la langue plus longue que notre abeille commune, et par conséquent de pouvoir récolter du nectar dans des fleurs à corolle profonde au fond desquelles l'abeille noire ne peut atteindre. Aucune expérience précise ne justifie cette assertion ; au contraire, M. J. Pérez, professeur à la Faculté des sciences de Bordeaux, ayant mesuré comparativement les organes qui servent à la récolte, a trouvé une longueur de 3 ^{m}/^{m} 65 pour la languette et de 5 ^{m}/^{m} 75 pour la lèvre inférieure tout entière dans les deux races. C'est également une affirmation purement fantaisiste que d'attribuer à l'abeille italienne un jabot d'une plus grande capacité et, par suite, la possibilité de rapporter à la ruche, à chaque voyage, une plus grande quantité de miel. Ce qui a surtout causé la vogue de la race italienne, c'est sa beauté ; il est incontestable que les ouvrières de cette espèce, par leur élégance, leur couleur jaune, flattent l'œil agréablement. Elles sont aussi très douces, quand elles sont complètement pures ; mais les personnes qui en ont fait usage savent, par expérience, qu'elles se croisent immédiatement avec la race commune et que les hybrides qui en résultent sont d'une irritabilité et d'une méchanceté extrêmes.

On reproche aussi aux italiennes d'être sensibles au froid et de se mettre plus tard au travail au printemps : elles conviendraient par suite plutôt aux climats doux qu'aux régions montagneuses et froides où elles succombent souvent pendant l'hiver. Elles montrent une grande propension à piller les colonies voisines, et certains observateurs les accusent d'être très sensibles à la loque.

Les *abeilles chypriotes* ressemblent beaucoup aux italiennes dont elles ont les trois bandes jaunes abdominales ; elles s'en distinguent cependant par ce caractère très net que les italiennes ont toujours le dessous de l'abdomen entièrement noir, tandis que les chypriotes l'ont jaune, sauf à l'extrémité, où il devient noir; de plus, la partie du corps qui sépare les ailes porte un croissant proéminent d'un beau jaune. Par ses couleurs vives, par son corps svelte, la chypriote est une abeille des plus élégantes et, par ses qualités, elle est incontestablement supérieure à l'italienne. Une fécondité prodigieuse, sans tendance à un essaimage exagéré, produit des colonies très populeuses; elles sont très actives, leur vol puissant en fait des butineuses de premier ordre et, au moment de la récolte, elles se placent incontestablement au premier rang; elles sont enfin rustiques et hivernent très bien.

La seule ombre à ce beau tableau est que les chypriotes sont horriblement méchantes et agressives; ce sont des abeilles féroces et leur entretien constitue un danger pour l'apiculteur qui les exploite et pour son voisinage. Elles sont pillardes au point d'attaquer les autres abeilles au retour de leurs courses et de les obliger à dégorger le nectar qu'elles ont recueilli pour s'en emparer; si l'on essaye de les réunir à un essaim d'une autre race, elles massacrent toutes les abeilles auxquelles on tente de les joindre. Beaucoup d'apiculteurs des plus habiles, qui, séduits par leurs brillantes qualités, en ont tenté l'essai, et ont été obligés de les détruire à cause de leur abominable caractère.

A ce dernier point de vue, on peut rapprocher des chypriotes les abeilles *égyptiennes*, les *syriennes* et les *palestiniennes*, dont l'élevage n'est pas non plus à recommander pour les mêmes raisons.

Les *abeilles carnioliennes* sont, par contre, les plus douces de toutes les abeilles connues ; on peut les manipuler sans voile et presque sans fumée. Les ouvrières, de grande taille, sont d'un gris argenté, avec l'abdmonen pointu et couvert d'un épais duvet gris disposé en bandes de couleur claire ressortant sur le fond marron foncé du corps.

Les rayons qu'elles fabriquent sont beaux et elles propolisent peu ; ce sont là deux qualités précieuses lorsque l'on se propose de vendre le miel en rayons. Elles sont vigoureuses, rustiques, et hivernent bien. Malheureusement elles essaiment avec une déplorable facilité ; même avec de grandes ruches elles ne cessent de se diviser et l'on comprend combien un pareil émiettement des colonies doit avoir une fâcheuse influence sur la récolte.

En résumé, aucune des races proposées pour remplacer notre abeille commune ne lui est nettement supérieure ; toutes ont des défauts graves dont la nôtre se trouve exempte. Il convient aussi d'observer que ces races ne se gardent jamais pures dans la pratique, elles se croisent toujours, plus ou moins rapidement, et les hybrides produits se caractérisent par une irascibilité, une méchanceté très grande. Le praticien ne devra donc pas chercher au loin et à des prix élevés des abeilles étrangères, mais se borner à l'exploitation des colonies communes, les meilleures de toutes.

PONTE DE LA MÈRE ET DÉVELOPPEMENT DU COUVAIN. — Dans nos climats tempérés, les mères commencent d'habitude à pondre vers le mois de février; le nombre des œufs déposés par elle dans les rayons, d'abord restreint, s'accroît au fur et à mesure que la température s'élève pour atteindre, dans la belle saison, une moyenne de 3,000 à 3,500 par 24 heures dans les grandes ruches.

Les œufs, d'une couleur blanc de perle un peu bleuâtre, sont petits, mais cependant visibles facilement à l'œil nu ; ils mesurent environ 1 ""/"" 1/2 de longueur.

Dans certains cas, on a besoin de les voir pour s'assurer qu'un rayon déterminé en possède, par exemple lors de la formation des essaims artificiels ; pour y parvenir, l'opérateur devra tourner le dos au soleil, maintenir le rayon bien vertical, de manière à l'éclairer au maximum ; il apercevra alors dans le fond de la cellule l'œuf sous la forme d'un très petit corps blanc et allongé.

Ces œufs sont de deux sortes : les uns recevant l'imprégnation de l'élément mâle, fécondés par conséquent, donneront des femelles, ouvrières ou reines suivant l'alimentation de la larve ; les autres non fécondés produiront toujours des mâles. Il se passe donc dans les colonies d'abeilles un phénomène singulier et exceptionnel, à savoir qu'un œuf peut, sans avoir été au préalable pénétré par un spermatozoïde, évoluer d'une manière complète et donner précisément naissance à un individu producteur de l'élément mâle qui n'est pas intervenu dans sa formation.

Ce fait curieux a été mis en lumière en 1845 par un apiculteur allemand, Dzierzon ; il a été maintes fois confirmé par différents observateurs et n'est plus aujourd'hui mis en doute par personne.

De suite après la ponte, l'œuf est dressé, puis s'incline le deuxième jour, et le troisième il est placé (fig. 2) tout à fait horizontalement ; c'est le quatrième jour que l'éclosion a lieu. La larve, d'un blanc de perle, est couchée en cercle au fond de la cellule, reposant sur sa face latérale ; les ouvrières lui fournissent aussitôt une bouillie alimentaire dont nous étudierons plus loin la composition. La durée du

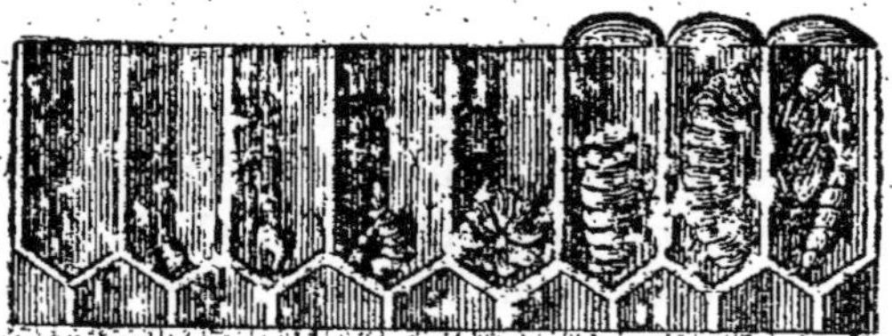

Fig. 2. — Le couvain sous ses différents états.

nourrissement est de cinq jours pour les ouvrières et la reine, de six jours pour les mâles ; le neuvième jour après la ponte, la cellule est operculée par un couvercle de cire à peu près plat pour les ouvrières, très bombé pour les mâles, ce qui, en plus de la dimension de l'alvéole, rend très facile la distinction des deux sortes de couvain. La larve file ensuite son cocon, se transforme en nymphe, et finalement éclôt, à l'état d'insecte parfait, le seizième jour pour la reine, le vingt-deuxième jour pour les ouvrières et le vingt-cinquième pour les mâles.

Le tableau suivant, dressé par M. Cowan, permet

de voir d'un coup d'œil les différentes phases des métamorphoses et leur durée pour les trois espèces d'abeilles :

PHASES SUCCESSIVES	Reine	Ouvrière	Mâle
1. Durée d'incubation de l'œuf...............	3 jours	3 jours	3 jours
2. Durée du nourrissement des larves.....	5 »	5 »	6 »
3. *Filage du cocon par les larves*	1 »	2 »	3 »
4. Période de repos.....	2 »	3 »	4 »
5. Transformation des larves en nymphes..	1 »	1 »	1 »
6. Durée de l'état de nymphe...............	3 »	7 »	7 »
Total.........	15 jours	21 jours	24 jours
1. L'éclosion de l'œuf a lieu et le ver apparaît le...............	4e jour	4e jour	4e jour
2. La cellule est fermée le	9e »	9e »	9e »
3. L'abeille sort de la cellule à l'état d'insecte parfait le...............	16e »	22e »	25e »
4. L'abeille sort de la ruche pour prendre son vol le...............	5e »	14e »	14e »

La bouillie alimentaire, toujours constituée par un mélange d'eau, de pollen et de miel, a une composition bien différente, suivant le jour où elle est fournie et surtout suivant l'individu qui doit la recevoir. Le docteur de Planta s'est attaché à en faire l'analyse. Voici les résultats obtenus par lui :

	Reines	Mâles			Ouvrières		
	Moyenne des analyses	Larves au-dessous de 4 jours	Larves au-dessus de 4 jours	Moyenne totale	Larves au-dessous de 4 jours	Larves au-dessus de 4 jours	Moyenne totale
Dans la substance sèche............	0/0	0/0	0/0	0/0	0/0	0/0	0/0
Albuminates........	45.14	55.91	31.67	43.79	53.88	27.87	40.62
Graisses...........	13.55	11.90	4.74	8.32	8.58	3.69	6.03
Sucres	20.39	9.57	38.49	24.03	18.09	44.93	31.51
Eau.............	67.83	»	»	72.75	»	»	71.09

On voit immédiatement que la bouillie royale présente une richesse alimentaire beaucoup plus grande en moyenne que celle des ouvrières et des mâles; elle contient, en effet, moins d'eau et de miel, mais plus de graisse et de matière azotée. Non seulement elle est plus riche, mais elle est aussi départie en bien plus grande abondance, l'alvéole étant beaucoup plus grande et la larve toujours entourée d'un superflu de nourriture inutilisée. Sa composition reste la même pendant toute la durée du nourrissement; pendant tout ce temps aussi elle n'est donnée que complètement élaborée, digérée en quelque sorte, au préalable, dans l'estomac de la nourrice, sans présenter jamais aucune trace d'enveloppe de pollen; pour les ouvrières, au contraire, si la bouillie est entièrement élaborée du premier au dernier jour, à partir du quatrième la proportion de miel y devient forte, en même temps que la teneur en matière azotée et en graisse diminue, de même que la quantité distribuée; l'alimentation des mâles, au contraire, n'est parfaitement préparée que pendant les quatre premiers jours ; depuis ce moment jusqu'à la fin du nourrissement elle ne l'est plus qu'en partie et l'examen microscopique y montre des grains de pollen intacts et du miel en nature. Sous l'influence de cette alimentation surabondante, la larve royale, qui est au début tout à fait analogue à la larve d'ouvrière, se développe complètement et fournit une femelle à organes génitaux complets et capables de fonctionner, tandis que ceux des ouvrières restent atrophiés et sans possibilité de remplir aucun rôle dans l'état normal des choses.

Ces travaux du docteur de Planta sont très intéressants, parce qu'ils éclairent complètement la question du renouvellement naturel des reines, celle du rétablissement des colonies orphelines et la formation des essaims artificiels sur lesquels nous reviendrons plus loin.

L'ESSAIMAGE NATUREL. — On donne le nom d'*essaim naturel* à la partie d'une colonie d'abeilles qui, sans l'intervention de l'homme, sort d'une ruche avec une reine pour s'en aller dans un nouveau domicile.

Une même famille peut produire plusieurs essaims naturels ou *jetons* ; ils sont dits *primaire, secondaire, tertiaire* suivant leur ordre de production.

La principale cause de l'essaimage naturel est le manque de place dans l'habitation ; lorsqu'une reine jeune et féconde remplit les rayons d'une ponte considérable, la ruche ne tarde pas à devenir trop petite pour la population qu'elle contient. La température intérieure s'élève, la reine cesse de pondre, parcourt sans but les rayons et son agitation ne tarde pas à gagner toutes les ouvrières ; la colonie est prise de la *fièvre d'essaimage*. Peu de temps avant le départ, les mouches qui doivent former l'essaim se gorgent de miel ; on les voit bientôt se précipiter en masse vers la sortie, tourbillonner dans l'air et prendre ensuite leur vol vers l'endroit qu'elles ont choisi pour se reposer. L'essaim primaire ainsi constitué est toujours accompagné de la vieille reine. Mais auparavant la colonie a pris soin de préparer l'élevage de plusieurs reines nouvelles destinées à assurer l'existence de la partie de famille qui restera au domicile primitif. C'est au moment où ces larves royales se transforment en chrysalides que l'essaim primaire prend son vol ; une huitaine de jours après une des reines nouvelles éclot et un *essaim secondaire* peut à ce moment sortir sous sa conduite si le temps est favorable ; dans le cas contraire la reine née la première tue les autres encore enfermées dans leurs cellules et un nouvel essaimage n'est plus à craindre. Une ruche peut ainsi donner plusieurs essaims à la suite les uns des autres, essaims d'autant moins forts que leur numéro de sortie est plus élevé. Il est facile de comprendre combien ces divisions répétées affaiblissent la souche dont l'existence se trouve compromise, de même que celle des essaims, trop faibles pour récolter leurs provisions d'hiver.

La récolte en miel fournie par une ruche est d'autant plus grande que la population est plus forte, le nombre des butineuses plus élevé ; il faut donc, dans tout rucher bien conduit, éviter absolument l'essaimage naturel des ruches destinées à la production du miel.

Si la capacité trop exiguë d'une ruche est la principale cause de l'essaimage naturel, elle n'en est pas la seule : certaines races d'abeilles essaiment plus que d'autres, les *carnioliennes* ont à cet égard une réputation bien méritée.

Il n'existe aucun caractère *certain* indiquant la sortie prochaine d'un *essaim primaire*. On peut cependant prendre ses précautions lorsqu'on voit une partie des mouches *faire la barbe*, c'est-à-dire se grouper en masse compacte en dehors de la ruche et pendre devant l'entrée ; les mâles en grand nombre faire des sorties bruyantes vers le milieu de la journée. L'*essaim secondaire*, au contraire, est toujours annoncé par le *chant des reines*. La jeune reine éclose la première fait entendre un bruit analogue à *tût, tût* ; les autres reines lui répondent de même, mais le son résonne différemment : *toua, toua*, parce qu'il provient de l'intérieur des cellules où elles sont encore enfermées ; lorsque ce phénomène se produit, on peut être certain d'avoir un essaim secondaire le lendemain, si le temps ne se met pas à la pluie. Quelques auteurs, parmi lesquels M. Perez, professeur à la Faculté des sciences de Bordeaux, ont nié le chant des reines ; il suffit cependant d'avoir pratiqué l'apiculture pendant quelque temps pour être convaincu ; j'ai entendu souvent ce bruit singulier, si fort parfois qu'on le perçoit nettement à plus d'un mètre de distance.

Dans le Midi, les essaims sortent dès le mois d'avril ; dans le Nord et le Centre, en mai et juin ; de juin à août dans les pays de bruyère et de sarrazin ; l'heure habituelle est de neuf heures du matin à quatre heures du soir. La pluie empêche l'essaimage, il n'y a guère que les secondaires qui sortent par les temps brumeux et couverts.

Un essaim est d'autant meilleur qu'il sera plus fort et d'autant plus fort qu'il sortira d'une plus grande ruche ; le poids peut varier depuis moins de 1 kilogramme jusqu'à plus de 4 kilogrammes ; 10.000 abeilles pèsent 1 kilogramme.

Les essaims primaires ne s'éloignent jamais beaucoup ; la vieille reine qui les suit, alourdie par les œufs dont son abdomen est gonflé, est incapable de s'envoler à une grande distance. Ils se reposent d'habitude sur les branches d'un arbre voisin. Les essaims secondaires conduits par des reines jeunes, non encore fécondées, partent quelquefois très loin. On a indiqué plusieurs moyens de les arrêter. Virgile disait déjà dans ses *Géorgiques :*

« Tinnitusque cie et Matris quate cymbala circum » l'usage ne s'est point perdu dans les campagnes de frapper à coups redoublés tous les instruments métalliques de la cuisine, dans l'espérance, que cet affreux charivari imitant le bruit du tonnerre (qui arrête en effet les essaims immédiatement) obligerait les abeilles à se reposer. Il existe d'autres procédés meilleurs, quoique moins bruyants : asperger l'essaim qui s'élève avec de l'eau, lui jeter du sable ou de la terre. Il y a quelques années, un apiculteur disait arrêter les essaims en dirigeant sur eux, à l'aide d'un miroir, un rayon de soleil ; ce moyen, essayé par plusieurs praticiens, paraît avoir donné de bons résultats. Tout cela est, en général, superflu ; lorsque le rucher est entouré d'arbres, les essaims vont s'y reposer d'eux-mêmes.

Lorsque l'essaim s'est réuni et que presque toutes les abeilles se sont groupées, il faut le recueillir le plus tôt possible. Une ruche en paille bien propre est présentée sous la grappe pendante des mouches, que l'on fait tomber en donnant une secousse à la branche ou en la balayant avec une brosse spéciale

Fig. 3. — Brosse à abeilles.

ou une aile d'oie si l'essaim s'est posé contre un mur ou un tronc d'arbre. Le panier est ensuite placé tel quel à l'endroit qu'on lui destine ou vidé dans une ruche à cadre garnie de cire gaufrée. Lorsque l'essaim est tombé par terre (cela arrive parfois avec les primaires dont les reines ont les ailes avariées), on pose dessus un panier soulevé légèrement par une petite cale et on pousse les abeilles à y entrer par quelques bouffées de fumée.

Les abeilles pendant l'hiver. — Pendant l'hiver, les abeilles ne sont pas endormies et immobiles, comme le croient encore beaucoup de personnes ; elles ne sortent plus, il est vrai, que rarement, lorsque la température s'adoucit, et sans s'éloigner de l'habitation ; mais la vie dans l'intérieur n'en existe pas moins. Dès les premières manifestations du froid, les mouches qui, pendant la saison chaude, étaient répandues sur un grand nombre de rayons, quittent ceux des extrémités et se groupent en masse d'autant plus compacte que le froid est plus vif. Le groupe, toujours placé *en face du trou de vol*, sur un nombre de gâteaux variant avec l'importance de la famille, prend la forme d'une sphère aplatie, au lieu de la forme allongée qu'affecte un essaim à la branche, pendant la belle saison. Les insectes sont accrochés les uns aux autres, chacun ayant sa tête sous l'abdomen de celui placé au-dessus.

Le miel destiné aux provisions est toujours disposé à la partie supérieure des rayons, au-dessus du groupe, et non pas sur toute leur étendue. Les abeilles se massent alors sur les cellules vides, la station sur des alvéoles pleins leur est, en effet, fort désagréable. Les premières, seules, accèdent aux provisions, elles s'en emparent au fur et à mesure des besoins, les passent à celles placées derrière et ainsi jusqu'aux extrémités du groupe.

Tout en conservant sa compacité, les éléments qui le constituent changent de place, les mouches de la partie inférieure grimpent au sommet pour se rapprocher, à leur tour, à a fo's de la matière sucrée et du point le plus chaud. À mesure que les provisions s'épuisent en un point, le groupe tout entier se déplace lentement, de bas en haut, dans les rayons plus hauts que larges (cadres Layens) et d'avant en arrière dans les rayons bas (cadres Dadant). Dans tous les cas, on comprend de suite la nécessité d'un rayon assez grand pour contenir toute la nourriture nécessaire aux abeilles qu'il porte, sans que celles-ci

soient obligées de passer sur un autre avant la fin
des froids. Il arrive, en effet, dans les ruches à petits
cadres, que, par les très grands froids, la masse des
abeilles devient presque immobile, et l'on trouve
des colonies mortes de faim et de froid, à côté de
rayons encore remplis, sur lesquels elles n'ont pas
eu la force de passer.

Lorsque le froid devient très vif, les abeilles s'agitent par des vibrations continuelles pour élever le
degré de chaleur ; il en est de même lorsqu'une
cause quelconque met le groupe en émoi. Cette agitation a pour résultat immédiat la consommation
d'une plus grande quantité de nourriture. Si, par
suite de visites ou de secousses intempestives pendant l'hiver, l'agitation devient telle que le groupe
compact se rompe, les abeilles isolées sont impuis-
santes à maintenir leur température au degré voulu
et ne tardent pas à périr. Un apiculteur déplorait, il
y a quelque temps, devant moi, la mort de plusieurs
ruches que des enfants avaient prises comme cibles
pour leurs boules de neige.

Il conviendra donc d'éviter, avec le plus grand
soin, toutes les causes qui pourraient troubler la
tranquillité des colonies et de laisser les ruches dans
le repos le plus absolu pendant tout l'hiver. L'apiculteur soigneux prendra, dès l'automne, ses précautions pour que les abeilles soient abondamment
pourvues de tout ce qui leur sera nécessaire jusqu'au retour des premières fleurs.

L'introduction d'un thermomètre à longue tige au
centre de la masse montre que, dans des conditions
normales, la température s'y maintient entre 10 et

12° C. ; une agitation provoquée par une secousse brusque fait en quelques secondes monter la colonne mercurielle jusqu'à 25 ou 30° C. ; elle redescend ensuite très lentement à son niveau primitif, au fur et à mesure que les abeilles se calment.

Ce qu'il y a de mieux, par conséquent, est de s'abstenir de visites pendant la durée de l'hiver, surtout pendant les journées froides. Si, par suite d'un accident, la chose est absolument nécessaire, on devra opérer très rapidement et très doucement, par une belle journée où le thermomètre marque 10 à 12°.

Dans certaines régions de la France, les paysans profitent cependant des périodes où la température est la plus basse pour effectuer la récolte du miel, parce qu'à ce moment, les abeilles, engourdies par le froid, sont moins capables de se défendre. C'est là une pratique des plus vicieuses, dont le résultat presque infaillible est d'amener la mort de la colonie.

Pendant les belles journées d'hiver où le soleil luit et lorsque la température remonte à +6° à l'ombre, on voit les mouches effectuer des sorties, sans s'écarter cependant de leur demeure. Ce sont là des sorties de propreté très favorables, les abeilles éprouvant le besoin de vider leurs intestins ; jamais, en effet, les excréments ne sont rejetés dans l'intérieur, lorsque la ruchée est bien portante.

Si, par suite d'un froid trop prolongé, ces sorties ne peuvent se faire, les matières s'accumulent dans l'intestin et il en résulte des maladies graves qui déciment les familles. Cet accident a surtout lieu lorsque la nourriture hivernale est de mauvaise qualité, constituée, par exemple, par des jus de fruits, des sucres impurs ; il est très rare, au contraire, avec le bon miel ou le sirop de sucre blanc, ces aliments laissant après la digestion des résidus insignifiants.

Certaines colonies nourries trop tard et avec une nourriture trop liquide, souffrent souvent dès les premiers jours de réclusion, si la ruche n'est pas abondamment ventilée, par suite de l'excès de vapeur d'eau provenant de l'évaporation du sirop, et qui reste enfermée dans l'intérieur.

CHAPITRE II

Substances récoltées et élaborées par les abeilles

LA CIRE ET LES RAYONS. — Si nous venons à ouvrir une ruche, nous verrons dans son intérieur une série de gâteaux de cire placés les uns à côté des autres, dans une situation verticale, et séparés par des intervalles libres destinés à la facile circulation des abeilles dans l'intérieur de l'habitation. Les gâteaux ou *rayons* sont constitués par un nombre considérable de petites cellules ou *alvéoles* juxtaposées ; l'observateur s'apercevra bien vite que toutes ces cellules n'ont ni la même forme, ni les mêmes dimensions. Les plus nombreuses, celles qui forment la plus grande masse du rayon, sont de dimensions peu considérables ; principalement sur les bords, il en existe de plus grandes, de forme hexagonale comme les précédentes, et enfin, sur certains rayons, on verra quelquefois des appendices en forme de glands suspendus par leur partie la moins élargie, et

dont les dimensions sont relativement énormes. Ces
dernières sont les *alvéoles royales* ; elles sont uniquement destinées à servir de berceau aux larves qui
devront se transformer en femelles fécondes, en

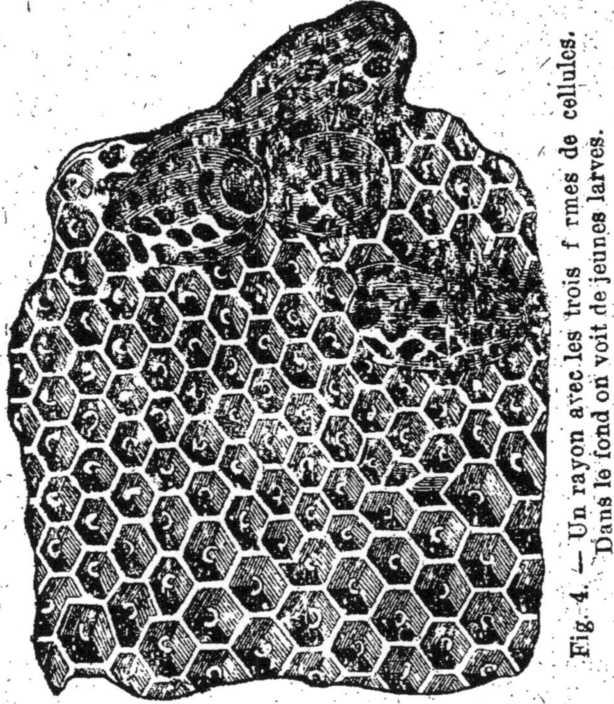

Fig. 4. — Un rayon avec les trois formes de cellules.
Dans le fond on voit de jeunes larves.

mères ou *reines* ; elles contiennent, en poids, plus
de 100 fois autant de cire qu'il en faut pour une cellule d'ouvrière ; elles mesurent, en moyenne, 25$^{m/m}$
de long et 8$^{m/m}$ à 8$^{m/m}$ 5 de diamètre.

Les deux autres sortes de cellules servent à emmagasiner les provisions de miel et de pollen ; elles servent, en outre, les plus petites, à recevoir le couvain des ouvrières, les plus grandes, le couvain des mâles. Souvent même, et cela indique des conditions mauvaises, le nombre des grandes cellules de mâles croît d'une manière considérable ; il arrive même parfois que presque tous les rayons d'une ruche en sont exclusivement formés.

Les alvéoles dont les rayons sont constitués, sont des prismes hexaèdres droits disposés les uns à côté des autres sur deux rangs adossés. Les ouvertures des cellules vers l'extérieur sont des hexagones réguliers, tandis que le fond de ces alvéoles n'est pas plan, mais constitué par une pyramide triangulaire dont les faces sont des losanges égaux et également inclinés. Ces pyramides s'engrènent les unes dans les autres, de manière à ne laisser aucun vide, ni entre les fonds, ni entre les parois latérales. Cet engrènement est remarquable en ce qu'il donne à l'ensemble du gâteau de cire une solidité beaucoup plus grande que si les fonds étaient plans et simplement juxtaposés. On démontre géométriquement que cette construction est telle qu'elle épargne le plus possible de matière et de travail pour un volume déterminé de l'alvéole, étant données les conditions qu'elle remplit, savoir : ne laisser aucun vide et offrir les dimensions les plus convenables pour l'éclosion et la protection des œufs et des larves, la fabrication et la conservation du miel. De plus, l'axe des cellules n'est pas horizontal, mais légèrement relevé sur l'horizon, de manière que le miel ne coule pas au dehors.

L'abbé Collin a donné les dimensions des cellules de mâles et des cellules d'ouvrières. Le côté de l'hexagone de la cellule d'ouvrière est de 3^m/^{m} 002 ; un gâteau d'un décimètre carré en renferme 427 sur chaque face ou 854 sur les deux ; la profondeur de la cellule renfermant du couvain operculé est, au début de 12^m/^{m} et se réduit ensuite à 11^m/^{m} par suite de l'aplatissement de l'opercule, ce qui donne, dans le premier cas, 24^m/^{m} et dans le second, 22^m/^{m} pour l'épaisseur du rayon tout entier.

Le côté de l'hexagone de l'alvéole de mâle est de 3^m/^{m} 811, un gâteau d'un décimètre carré en renferme 265 sur chaque face ou 530 sur les deux ; la profondeur de la cellule de mâle, prête à recevoir l'œuf, est de 11 à 12^m/^{m}, immédiatement avant d'être operculé, de 15^m/^{m} et de 17^m/^{m} après avoir reçu son opercule qui est très bombée. L'épaisseur du rayon est donc, dans ce cas, de 34^m/^{m}.

L'abbé Collin estime, en outre, que les cellules d'ouvrières sont dans la proportion des sept huitièmes environ, c'est-à-dire sept cellules d'ouvrières pour une de bourdon. Ces chiffres n'ont évidemment rien d'absolu et la proportion indiquée n'est qu'une moyenne.

Il y a lieu de remarquer que la profondeur de ces cellules, lorsqu'elles doivent simplement servir de réservoir à miel, est très variable, les abeilles les allongeant autant qu'il leur est possible, de manière à ne plus laisser qu'un intervalle de 5 à 6^m/^{m} entre les rayons, au lieu de 10 à 13^m/^{m} qui est la normale.

En moyenne, 1 décimètre carré de rayon contient, en y comprenant les deux faces, 53o cellules de mâles et 85o cellules d'ouvrières.

A l'état naturel, les abeilles orientent leurs rayons dans des directions diverses, mais dans les ruches à cadres, avec lesquelles l'apiculteur est libre de choisir la direction qui lui paraît le plus convenable, les rayons sont d'habitude dirigés dans deux sens différents : ou bien perpendiculairement au trou de vol et la ruche est dite à *bâtisses froides*, ou bien parallèlement à ce même trou de vol et la ruche est dite à *bâtisses chaudes*. L'expérience et le raisonnement prouvent que les bâtisses chaudes sont défectueuses à plusieurs points de vue, et que les bâtisses froides doivent, dans tous les cas, leur être préférées.

La cire est sécrétée par les ouvrières sous forme de lamelles qui paraissent à l'extérieur, sous les anneaux du ventre ; elle n'est autre chose qu'une transformation du miel sous l'action de l'appareil digestif. Les meilleurs auteurs estiment qu'il leur faut, en moyenne, 6 kilogrammes de miel pour fabriquer un kilogramme de cire, mais, M. de Layens a montré que, dans des conditions très favorables, les abeilles sécrètent naturellement de la cire et construisent des rayons, sans que la récolte en miel soit diminuée.

Au fur et à mesure de la production de ces lamelles, l'ouvrière les porte à sa bouche à l'aide de ses pattes, les mastique et les emploie de suite à la construction des rayons. Ces rayons sont construits avec une telle économie que les bâtisses entières d'un panier ordinaire de 36 litres ne rendent pas, à la fonte, plus d'un kilogramme de cire.

La coloration des cires est très variable et due à la couleur du pollen, nullement à celle du miel; on remarque même que les miels les plus foncés donnent souvent les cires les plus claires (bruyère) et inversement (sainfoin).

MIEL ET PLANTES MELLIFÈRES. — Le *miel* provient de la transformation du nectar des fleurs par son mélange, dans une partie de l'intestin de l'abeille que l'on appelle le *jabot*, avec le suc gastrique et la salive.

L'abeille ne pompe pas les matières sucrées, comme le papillon ; elle les lèche à l'aide de sa langue. Chargée de son précieux fardeau, la butineuse rentre dans la ruche et le produit est emmagasiné dans les alvéoles.

Mais, fraîchement récoltée, la matière sucrée ne serait pas de bonne garde, elle doit, au préalable, être débarrassée de l'excès d'eau qu'elle contient, *mûrie* en un mot ; le nectar contient, en effet, de 60 à 85 °/. d'eau, et le miel fait seulement 18 à 25 °/. Aussi, le soir des journées où la récolte a été abondante, voit-on de nombreuses ventileuses agitant avec rapidité leurs ailes devant l'entrée de la ruche, produisant ainsi un courant d'air que l'on perçoit facilement avec la main, et qui doit entraîner la vapeur d'eau en excès. La diminution de poids représente en moyenne 25 °/. de la récolte du jour et peut atteindre un total de 2 à 3 kilos en une seule nuit, dans les grandes ruches, à l'époque des fortes miellées.

Lorsqu'il fait très sec depuis longtemps, le miel contient si peu d'eau qu'il peut être operculé presque tout de suite. Dans la pratique apicole si l'on entend le soir les abeilles bourdonner, même sans les voir battre des ailes, on peut être certain qu'elles ont récolté du miel dans la journée. Si la miellée est très forte, on a vu, dans le Gâtinais par exemple, où l'on a des ruches de 70 à 80 litres, ces récipients être remplis en 12 à 15 jours. On a vu aussi, dans les Pyrénées-Orientales, des essaims de 6 kilos remplir des ruches de 100 litres en 15 jours. On estime que 1.000 abeilles peuvent emmagasiner environ 30 grammes de miel par jour, soustraction faite de leur consommation et de celle du couvain. Dans ce miel, l'abeille, par un instinct vraiment merveilleux, dépose une goutte de son venin, qui n'est autre chose qu'un antiseptique puissant, l'acide formique, la cellule est ensuite fermée à l'aide d'un couvercle de cire plat ou opercule.

C'est dans la matinée que le nectar est le plus abondant dans les fleurs, et sa quantité décroît au fur et à mesure qu'augmente la chaleur du jour pour être minimum vers 3 heures de l'après-midi et croître ensuite de nouveau jusqu'à la nuit.

L'étude des plantes mellifères est très difficile ; le regretté M. de Layens, qui était non seulement le maître incontesté de l'apiculture française, mais encore un botaniste des plus éminents, a renoncé à écrire la flore mellifère qu'il projetait. Il arrive, en effet, que certaines plantes, fournissant dans un pays des quantités considérables de nectar, n'en donnent pour ainsi dire pas dans un autre. C'est une étude tout à fait locale qu'il faut faire.

A ce point de vue, nous devons signaler une étude

très intéressante faite par M. Brunerie, chef de culture à l'Ecole d'agriculture de Fontaines, sur les plantes mellifères et le rendement du rucher de l'Ecole pendant plusieurs années.

Parmi les plantes qui, partout, fournissent le plus de miel, on peut signaler celles qui appartiennent à la famille des légumineuses et en première ligne le *sainfoin*. Ce végétal donne un miel blanc, c'est lui qui constitue le fond de la flore mellifère du Gâtinais. Dans la même famille, nous pouvons citer le *robinier faux acacia*, la *luzerne*, les *vesces*, le *mélilot*, le *trèfle incarnat*; le trèfle rouge ordinaire a la corole trop profonde pour permettre à la langue d'abeille d'y recueillir quelque chose. Les *labiées* diverses fournissent en abondance un miel parfumé; le miel de Narbonne provient des labiées.

La famille des *rosacées* comprend surtout des plantes à floraison précoce, ressource précieuse pour la fourniture du pollen au début du printemps; tels sont les arbres fruitiers, les ronces, etc. La famille des *composées* contient aussi des plantes mellifères.

J'indiquerai encore comme végétaux susceptibles de donner le plus de miel : les *bruyères*, la *bourrache*, le *sarrasin*, les *pins* et les *sapins*, les *érables*, les *frênes*, les *peupliers* et les *saules*, l'*orme*, etc.

POLLEN. — Une autre substance absolument nécessaire aux abeilles, est le *pollen* ou poussière fécondante des fleurs qui leur sert à préparer la bouillie alimentaire des larves, par son mélange avec du miel et de l'eau. Elles le recueillent sur leurs pattes de derrière et il est très facile de voir des butineuses revenir au logis avec de grosses pelotes de cette substance. Réaumur estime qu'une forte colonie peut récolter et dépenser 5o kilogrammes de pollen en une seule année.

Propolis. — Enfin, sur les bourgeons de certains arbres, le marronnier par exemple, nos apiaires ramassent encore une sorte de résine qui porte le nom de *propolis,* et dont elles se servent comme d'un enduit pour boucher les fentes de leur demeure, en rendre les parois imperméables ou en rétrécir les ouvertures.

Eau. — L'*eau,* et surtout l'eau salée, leur est indispensable pour préparer la nourriture des larves, dissoudre le miel qui parfois granule dans les rayons. Il est donc recommandable de mettre à proximité des ruches et à l'ombre un récipient plein d'une eau légèrement salée sur laquelle flotteront quelques bouchons où les mouches pourront se poser pour boire. On forcera les abeilles à aller à l'eau en plaçant sur le réservoir un morceau de rayon où l'on aura laissé quelque peu de miel.

CHAPITRE III

Installation du rucher. — Choix des ruches

EMPLACEMENT ET DISPOSITION DU RUCHER. — Il conviendra avant tout de s'enquérir si le pays où l'on veut s'établir est mellifère ou non ; on s'en rendra compte en examinant les ruches et le miel des environs ; on examinera aussi la flore locale dont la composition donnera des indications précieuses, mais non absolument certaines. On débutera avec peu de ruches dans les premières années et le rucher ne sera augmenté que petit à petit au fur et à mesure que les ressources de la région seront mieux connues. L'abeille butine *utilement* dans un rayon de 3 kilomètres autour du rucher.

On choisira, pour y établir le rucher, un endroit tranquille, en terrain sec et sain, l'humidité étant très nuisible aux abeilles, et à l'abri des grands vents. La trop grande proximité des routes ou des voies ferrées doit être évitée, non seulement à cause des inconvénients qui pourraient en résulter pour les passants, mais de plus, les trépidations incessantes produites par le passage des trains peuvent troubler les colonies en hivernage. Si, par suite de la disposition des lieux, on se trouve obligé de placer des ruches à proximité d'un chemin fréquenté, il sera indispensable de dresser un obstacle : mur, paroi en planches ou en paillassons de 2ᵐ 5o à 3 mètres de hauteur. Dans ces conditions l'abeille obligée d'élever son vol, dès sa sortie de la ruche, ne redescend plus et tous les dangers sont évités.

La plantation d'arbres est hautement à recommander dans l'intérieur et autour du rucher ; l'ombre que ces arbres fournissent est, en effet, indispensable au bien-être et à la tranquillité des butineuses. On a, dans les campagnes, la mauvaise habitude de placer les ruches dans l'endroit le plus ensoleillé et le plus chaud qu'il soit possible de trouver ; l'abeille, en été, ne craint rien autant qu'une température excessive : sous son influence la cire devient trop malléable, se travaille mal et parfois même se ramollit *au point de* ne pouvoir soutenir le poids de miel qu'elle contient, les rayons s'effondrent engluant toute la colonie et faisant périr les habitantes en grand nombre.

Lorsque l'on manque d'arbres pour fournir assez d'ombre, il est très favorable d'installer les ruches dans des tonnelles supportant des végétaux grimpants.

La présence des arbres a encore un autre avantage important au moment de l'essaimage ; c'est à leurs branches que les essaims qui sortent vont se suspendre, il est facile de les recueillir si l'on a eu le soin de tenir les branches un peu basses ; on évite de la sorte des poursuites parfois difficiles, des pertes d'essaims et des contestations avec les voisins.

L'orientation des ruches n'a que très peu d'importance lorsqu'il s'agit d'habitations placées bien à l'ombre. Il n'en est plus de même lorsque le rucher n'est pas abrité du soleil; dans ces conditions et contrairement à l'opinion admise dans les campagnes, ce sont les ruches situées au midi qui réussissent le moins bien. Échauffées au début du printemps par les premiers rayons du soleil, la température s'y élève prématurément, un élevage trop précoce du couvain s'y produit et au moindre retour du froid les abeilles, obligées de resserrer leur groupe, abandonnent leurs larves qui périssent. La ruche se dépeuple aussi par suite des sorties intempestives des abeilles en mauvaise saison. L'expérience prouve que les bonnes colonies à l'exposition du nord sont celles qui consomment le moins pendant l'hivernage et rapportent le plus.

On peut placer les ruches en plein air ou dans des pavillons. Je considère l'établissement d'un pavillon comme une dépense inutile; la récolte est, il est vrai, à l'abri des maraudeurs, mais, au point de vue du rendement, l'avantage est absolument nul. Dans ces sortes d'abris on est conduit, pour économiser de la place, à superposer les ruches en deux ou trois étages. Celles du bas se comportent bien, celles du premier étage réussissent moins et celles de l'étage supérieur se conduisent moins bien encore. Dans les régions où l'apiculture est la plus florissante, toutes les colonies sont en plein air.

Des ruches régulièrement alignées offrent un coup

d'œil beaucoup plus joli qu'une disposition sans ordre. C'est cette dernière cependant qu'il conviendra de préférer, les trous de vol étant tournés dans des directions différentes. Les ouvrières et surtout les reines s'orientent ainsi beaucoup mieux au retour du vol nuptial, moins de ruches deviennent orphelines par suite d'une jeune reine fourvoyée dans une ruche étrangère. L'abbé Martin, président de la Société de l'Est, a constaté que, dans un rucher couvert où les ruches sont très rapprochées et régulièrement disposées, il perdait tous les ans 20 p. 100 de reines.

La disposition en lignes régulières n'est recommandable que lorsqu'on dispose d'une étendue très considérable et que les ruches peuvent être éloignées de 2 ou 3 mètres sur les lignes avec un espacement de 3 à 4 mètres entre les lignes.

Les ruches devront être posées bien d'aplomb sur des supports solides et leur horizontalité déterminée aussi bien que possible à l'aide du niveau à bulle d'air. Cette horizontalité a une assez grande importance au point de vue de la régularité dans la construction des rayons. Les supports seront faits en maçonnerie ou en bois de châtaignier goudronné enfoncés dans le sol et le plateau de fond de la ruche fixé de manière à ce que le vent ne puisse renverser les habitations. On donne à ces supports une hauteur telle que la visite des ruches puisse se faire commodément sans exiger un ploiement fatigant des reins, généralement 40 à 50 cent. au-dessus du sol.

Il est assez difficile d'indiquer d'une manière précise le nombre de colonies que l'on peut réunir dans un seul rucher; cela dépend des ressources mellifères de la région. La meilleure manière de s'en rendre compte est de débuter avec un nombre restreint de ruches et d'augmenter petit à petit, en tenant compte exactement des rendements d'année en année. Lorsque l'on constatera que la récolte reste stationnaire, quoique le nombre des ruches augmente, on pourra en conclure que l'on a atteint ou même dépassé le maximum. Cependant les apiculteurs expérimentés disent que dans un pays médiocrement mellifère il ne faudra pas dépasser 5o à 6o colonies pour un territoire de 3 kilomètres à la ronde et que 100 est le nombre le meilleur pour une région bien mellifère.

Choix des ruches. — Les Allemands ont dit que la meilleure ruche est celle dont on sait le mieux se servir. Cette opinion est absolument fausse; elle n'est pas plus applicable aux habitations des abeilles qu'à un instrument quelconque de l'agriculture ou de l'industrie; la prendre comme règle serait fermer la porte à tout progrès.

On peut poser en principe que la meilleure ruche est celle qui convient le mieux aux abeilles et à l'apiculteur. Relativement à l'apiculteur, elle devrait être: simple et facile à manipuler en tout temps, solide, bon marché et d'un modèle uniforme pour tout le rucher; relativement aux abeilles, elle devra être: grande, mauvaise conductrice de la chaleur et disposée intérieurement de telle sorte que la colonie puisse y établir ses constructions et s'y organiser de la même manière qu'elle le ferait à l'état naturel dans une cavité illimitée.

On sait que toutes les ruches peuvent se classer en

deux groupes, suivant que les rayons que les abeilles y construisent sont fixes ou mobiles. Dans les premières, les bâtisses attachées contre les parois ne peuvent être déplacées sans avoir été au préalable découpées ou brisées; dans les secondes, au con-

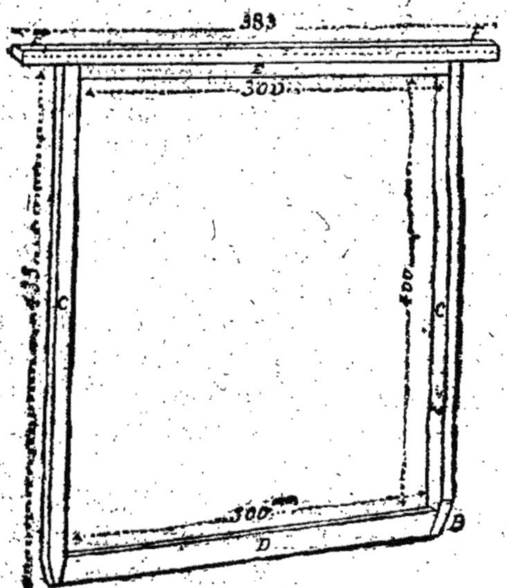

Fig. 5. — Un cadre mobile.

traire, les rayons établis dans des cadres verticaux en bois, sans contact avec les côtés de la ruche, restent toujours mobiles et se déplacent avec facilité. (Fig. 5.)

La ruche vulgaire en paille, en forme de dôme, répandue dans toutes nos campagnes, est le type des *ruches à rayons fixes;* des inconvénients nombreux la font abandonner de plus en plus; dans un grand nombre d'endroits elle disparaît même spontanément, par suite des défauts inhérents à sa disposition, les colonies périssant en hiver ou au début du printemps.

Les ruches à rayons fixes ne permettent pas de se rendre compte de ce qui se passe dans l'intérieur; les gâteaux peu distants les uns des autres, couverts d'abeilles, ne sont en effet visibles qu'à une très faible profondeur; il est impossible par suite de parer aux accidents et aux maladies qui peuvent se produire et de se rendre exactement compte de l'état du couvain. *Toutes les manipulations en général, et en particulier la récolte sont longues et difficiles.* Lorsque ces paniers sont d'une seule pièce, comme c'est le cas le plus fréquent, ils sont forcément trop petits, parce que, si on leur donnait les dimensions que nous fixerons plus loin comme les plus convenables, leur poids deviendrait si considérable au moment de la récolte que leur manipulation qui doit se faire en bloc serait pratiquement impossible. Contrairement à l'opinion généralement admise, la conduite d'un rucher de ruches à rayons fixes est beaucoup plus difficile, demande une habileté beaucoup plus grande que la conduite d'un même nombre de colonies sur cadres mobiles, à moins toutefois que l'on ne qualifie d'apiculteurs les personnes qui se contentent de recueillir un essaim dans un panier, de le placer n'importe où et n'importe comment sans plus s'en occuper que pour étouffer les abeilles au moment de la récolte. C'est là un procédé encore trop répandu dans nos campagnes; on conviendra qu'il est loin de constituer une méthode recommandable.

La paille est une mauvaise matière pour construire entièrement une ruche ; c'est, il est vrai, une substance fort peu conductrice de la chaleur, mais de peu de solidité et de durée ; au bout de quelques années, la paille se détériore et pourrit, il faut remplacer l'habitation, ce qui impose des frais sans cesse renouvelés et surtout des transvasements et des manipulations désagréables et souvent néfastes pour les familles. Le bois est la substance la plus convenable, le bois de sapin surtout ; le peuplier ne dure pas longtemps, le chêne est trop coûteux et trop lourd. Pour éviter la déperdition de la chaleur, on fait souvent les parois doubles en remplissant l'intervalle avec de la mousse ou des balles de céréales ; cela occasionne un surcroît de dépenses que l'on peut éviter en clouant, sur la paroi simple, un paillasson ordinaire de jardin, de dimensions convenables ; préalablement sulfaté, sa durée est assez longue et en tous les cas son remplacement, toujours peu coûteux, peut se faire sans déranger en rien les abeilles.

Les formes des ruches sont très variées ; au point de vue du bien-être des abeilles, cela importe peu, la forme de l'habitation est seulement subordonnée à l'économie, à la facilité de la construction et à la commodité dans les manipulations. C'est pourquoi, dans les ruches à cadres, on adopte généralement le parallélipipède rectangle qui permet l'emploi de cadres rectangulaires, les moins coûteux et les plus faciles à établir. Il existe des modèles à cadres circulaires, mais c'est une erreur de prétendre que les ruches cylindriques ou coniques sont préférables aux autres, au point de vue de la conservation de la

chaleur ; elles sont seulement équivalentes, pourvu
que la capacité et l'agencement soient les mêmes ;
l'effet que pourrait avoir la forme intérieure est entièrement annihilé par la présence des rayons.

La capacité exerce au contraire une influence pré-
pondérante ; elle est déterminée par la nécessité de
n'entraver jamais ni le développement ni le travail de
la colonie. La ruche devra donc être assez grande,
parce que c'est dans les grandes ruches seulement
que les reines peuvent donner à leur ponte toute
l'extension dont elle est susceptible.

Nous pourrons dire qu'une ruche est trop petite
lorsque la ponte de la reine s'y trouve interrompue,
faute de place, à un moment quelconque de l'année ;
une grande ruche, au contraire, est celle dans
laquelle la reine trouve toujours assez de place pour
y déposer ses œufs, en même temps que les abeilles
leur miel ; dans les ruches d'environ 5o litres,
M. de Layens a souvent vu la ponte suspendue
après deux jours de forte miellée.

Les très grandes ruches n'essaiment jamais ou
presque jamais, tandis que les petites essaiment
pour ainsi dire tous les ans et souvent plusieurs fois
dans la même année, en donnant des essaims de
plus en plus faibles ; la principale cause, on pourrait
dire l'unique cause déterminante de l'essaimage
étant le manque de place dans l'habitation.

Nous avons déjà expliqué que l'essaimage naturel
était absolument contraire à l'obtention de fortes
récoltes. On conçoit en effet aisément que si la
famille s'émiette par l'essaimage au moment de la
miellée, la récolte se trouvera diminuée dans des

proportions telles que souvent l'apiculteur, laissant, comme il doit le faire, les provisions d'hivernage, ne trouvera aucun surplus à prendre ; fréquemment même, si l'année a été médiocre, les provisions d'hivernage seront insuffisantes et l'on se trouvera dans l'obligation de nourrir à la fois la souche et l'essaim qui en est sorti ou de les laisser périr tous les deux.

Les petites ruches ont d'autres inconvénients : la cire, le pollen, le miel s'y conservent mal par suite de l'élévation excessive de la température ; le manque d'espace et surtout le manque d'air y entretiennent une humidité constante qui engendre la moisissure et des maladies qui déciment rapidement les familles.

L'expérience prouve que par l'emploi des grandes ruches on améliore la race des abeilles, les reines qui y sont élevées deviennent plus fécondes par suite d'un exercice plus actif de leurs organes.

Il est possible de fixer les dimensions minima que doit posséder une bonne ruche en se basant sur les connaissances acquises relativement à la biologie des abeilles.

D'après ce que nous avons dit précédemment la reine devra trouver une place suffisante pour pondre un nombre moyen de 3.500 œufs par jour pendant la belle saison ; comme chaque cellule reste occupée pendant 22 jours environ, il faudra à la mère 77.000 alvéoles pour lui assurer pendant ce temps la place suffisante à sa ponte ; il y a lieu d'ajouter à ce chiffre 20.000 cellules pour les provisions journalières indispensables à l'alimentation du couvain, ce qui fait près de 100.000 cellules rien que pour le nid à couvain; il faut en outre une quantité égale de cellules pour loger le miel récolté. On peut exprimer autrement cette capacité en sachant que 10.000 cellules équivalent à 4 litres et occupent les deux faces d'un rayon de 12 décimètres carrés; cela veut dire que la contenance de la ruche devra être de 80 litres et que les rayons qu'elle est susceptible de contenir présenteront une surface utile de 240 décimètres carrés au moins.

Or les petites ruches vulgaires en paille, de 30 litres de capacité, ne contiennent guère que 80.000 alvéoles, c'est-à-dire une quantité insuffisante même pour la ponte. Aussi n'ont-elles que des populations de 30.000 abeilles environ et la récolte de l'année n'y dépasse pas le plus souvent 8 à 9 kilos, c'est-à-dire le strict nécessaire pour la consommation hivernale de la famille, sans qu'il reste aucun surplus pour l'apiculteur. Si ce dernier effectue malgré tout une récolte, les colonies périssent le plus souvent de faim pendant la mauvaise saison. Il suffit de parcourir au printemps les ruchers de nos villages pour se convaincre de la vérité de ce que j'avance. Dans une famille de 120.000 butineuses (ce qui est le cas dans la ruche de Layens bien conduite par exemple), la quantité de miel récolté atteint souvent 60 kilos ; on pourra donc laisser 20 kilos pour la consommation de l'hiver et récolter encore 40 kilos.

Que les rayons soient mobiles ou non il y a encore une distinction importante à faire entre les *ruches dites à hausses et les ruches horizontales*. Dans les premières (fig. 6), la ruche proprement dite ou *corps de ruche* est calculée pour servir uniquement de nid à couvain ; sa capacité doit être d'envi-

Fig. 6. — Ruche à hausses, verticale française.
(Système Dadant.)

ron 40 litres correspondant à 100.000 cellules ; au
moment de la miellée on ajoute par dessus d'autres

caisses appelées *hausses* pour servir de magasin à miel. Au contraire dans les ruches horizontales

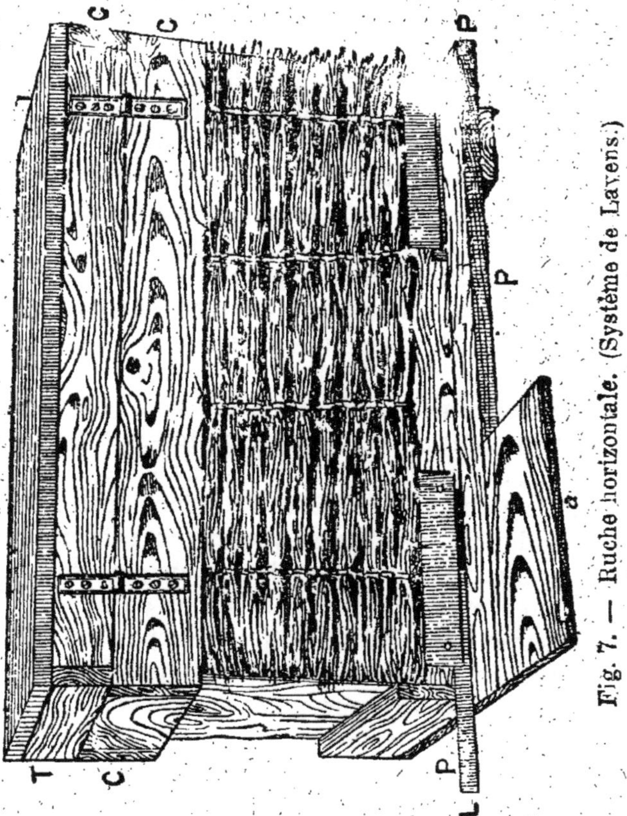

Fig. 7. — Ruche horizontale. (Système de Layens.)

(fig. 7) il n'y a qu'une seule caisse beaucoup plus longue, au moment de la miellée on se contente d'y ajouter des cadres à la suite des premiers. Dans les ruches à hausses le rayon doit être bas, c'est-à-dire plus large que haut, on lui donne en général 3o cent. de haut sur 4o cent. de large pour obliger les abeilles à monter dans les hausses; à ces dernières on donne d'habitude les mêmes dimensions en surface qu'au corps de ruche, avec une hauteur moitié moindre. Leur volume étant ainsi réduit, leur poids est moins considérable, la manipulation plus facile et les abeilles les remplissent plus aisément. Dans les pays et les années très mellifères, on en superpose plusieurs les unes au-dessus des autres. Dans les ruches horizontales le cadre est au contraire plus haut que large, soit 4o cent. sur 3o cent. Je trouve ces dernières préférables à tous égards, parce que le cadre haut qu'elles comportent se rapproche plus des constructions des abeilles à l'état naturel; celles-ci font en effet toujours, lorsque rien ne les limite, des rayons très haut. Les ruches à hausses ont le grand inconvénient d'être incomparablement plus difficiles à conduire que les ruches horizontales et d'exiger une attention beaucoup plus soutenue. Si, en effet, à l'époque de la miellée on ne place pas en temps opportun les boîtes de surplus, on court le risque de voir l'essaimage se produire, ou tout au moins de perdre beaucoup de miel, le corps de ruche étant par lui-même trop petit pour tout contenir. L'essaimage a même fréquemment lieu lorsque toutes choses sont faites à temps, les abeilles éprouvant quelquefois une répugnance très grande à passer dans l'étage supérieur. Il peut enfin arriver que si les abeilles se décident à passer dans le récipient supérieur, la reine les suit, se met à pondre dans le magasin à miel d'où grand ennui lors de la récolte, et danger de rendre orphelines en enlevant les hausses les ruches qui possèdent précisément les mères les plus fécondes. L'agrandissement ne peut se faire d'avance, en ajoutant les hausses avant la miellée, ce serait en effet courir le risque de refroidir l'habitation, et par suite le couvain, par l'adjonction trop brusque d'un grand volume d'air à une température inférieure à celle du nid.

Ces inconvénients n'existent pas avec les ruches horizontales dans lesquelles on peut ajouter dès le début de la saison la totalité des cadres, le nid à couvain étant protégé par les rayons qui le limitent et qui jouent le rôle d'écrans.

Il n'y a même pas d'inconvénient à les hiverner sans retirer de cadres ; cela évite des frais de magasinage, tandis que la mise en réserve des hausses pendant la mauvaise saison nécessite une place assez considérable.

En résumé, la ruche horizontale devra être adoptée de préférence à toute autre, par l'apiculteur qui voudra faire de l'industrie qui nous occupe un délassement et récolter beaucoup de miel avec peu de travail et de soins. La ruche à hausses pourra cependant donner des résultats convenables entre les mains de l'apiculteur de profession, qui disposera de tout son temps pour surveiller son rucher et ajouter les hausses en temps opportun.

Il convient de faire remarquer en terminant que les ruches à rayons fixes, de capacité convenable, sont forcément à hausses ; il n'est pas possible en effet de placer le miel et le couvain dans la même caisse; celle-ci deviendrait alors tellement lourde que le maniement qui doit se faire en bloc deviendrait extrêmement pénible, presque impossible. Nous sommes donc obligés, ici, de diviser le poids en plaçant le nid à couvain et le magasin à miel dans des récipients séparés et superposés.

Nous allons maintenant décrire trois modèles de ruches propres à donner satisfaction dans tous les cas.

Dans ces trois modèles les dimensions ont été calculées de manière que les rayons aient une surface de 12 décimètres carrés. Le rayon de cette grandeur jouit, en effet d'un grand nombre d'avantages; il contient exactement 10.000 cellules d'ouvrières; plein, il renferme environ 4 kilos de miel; chargé d'ouvrières pressées, il en porte près de 5.000; ces chiffres simples favorisent au plus haut degré l'évaluation des provisions, du couvain et de la population.

ESPACEMENTS A OBSERVER DANS LA CONSTRUCTION. — Il est très important d'observer au millimètre près toutes les dimensions que je vais vous indiquer, sous peine de faire un mauvais travail et de construire une ruche qui ne donnera pas les résultats attendus.

Les espacements indiqués par la pratique et sur lesquels la construction des ruches est basée sont les suivants :

Entre les rayons de centre à centre 38 millimètres, ce qui donne entre les porte-rayons 13 millimètres.

Entre la traverse inférieure du cadre et le plateau de fond, 15 millimètres.

Entre les montants verticaux du cadre et les parois, 7ᵐ/ᵐ 5.

Entre la traverse supérieure d'un cadre et la traverse inférieure du cadre placé au-dessus de lui, dans la hausse 7ᵐ/ᵐ 5.

Si l'on fait les espacements plus petits que ceux indiqués, les abeilles les remplissent avec de la pro-

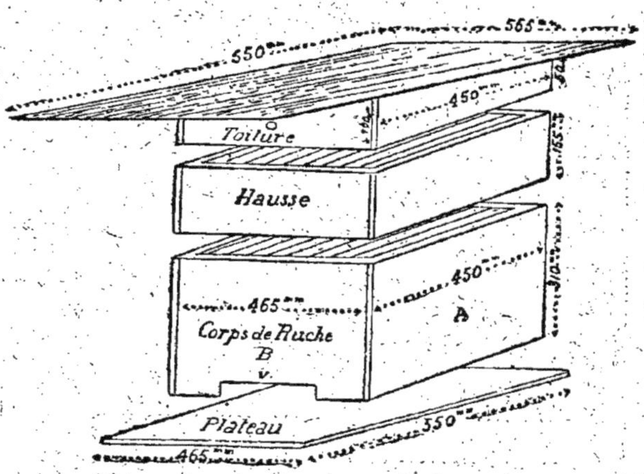

Fig. 8. — Ruche fixe améliorée.

polis, si on les fait plus grands elles y intercalent des constructions supplémentaires; dans les deux cas les rayons sont réunis entre eux ou fixés aux parois et par suite rendus plus ou moins immobiles.

Construction d'une ruche améliorée à rayons fixes et à hausses. — Les ruches à rayons fixes sont généralement construites en paille, il est préférable d'employer le bois qui est plus solide et plus facile

à manier. On choisira des planches de 2 cent. 1/2
d'épaisseur ; elles seront rabotées et jointes ensemble

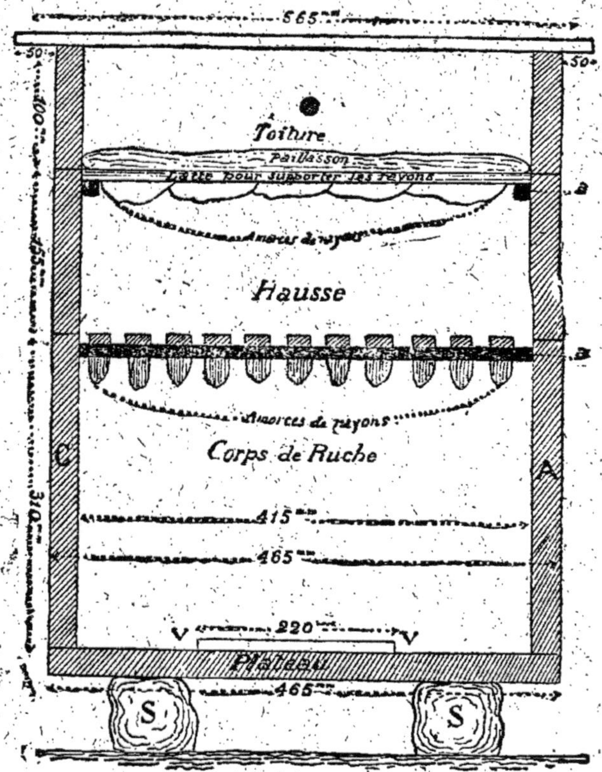

Fig. 9. — Coupe de la ruche, munie d'une hausse, par
un plan parallèle à la face antérieure.

par de fortes pointes. Le corps de ruche, le plateau
de fond, les hausses et la toiture seront simplement

superposées et non clouées ensemble de manière à faciliter les nettoyages et les manipulations. (Fig. 8.)

CORPS DE RUCHE. — Le corps de ruche est une

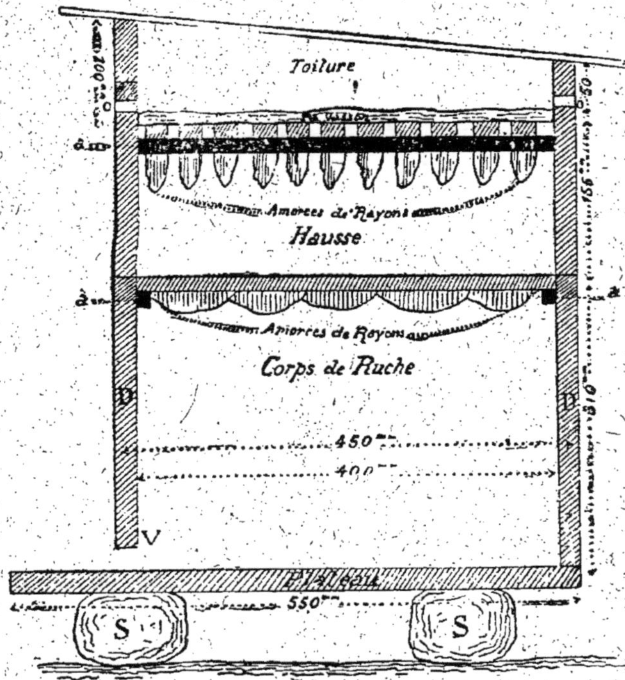

Fig. 10. — Coupe de la ruche par un plan parallèle à la face latérale.

caisse, sans fond ni couvercle, formée par quatre planches assemblées ayant toutes 310 millimètres de haut : les deux parois latérales ont 450 millimètres de large et les parois antérieure et postérieure

415 millimètres. A l'intérieur de ces deux dernières, et à 10 millimètres en-dessous du bord supérieur, on cloue une latte (*a* dans les figures 9, 10 et 12), formant feuillure et d'une épaisseur de 20 millimètres.

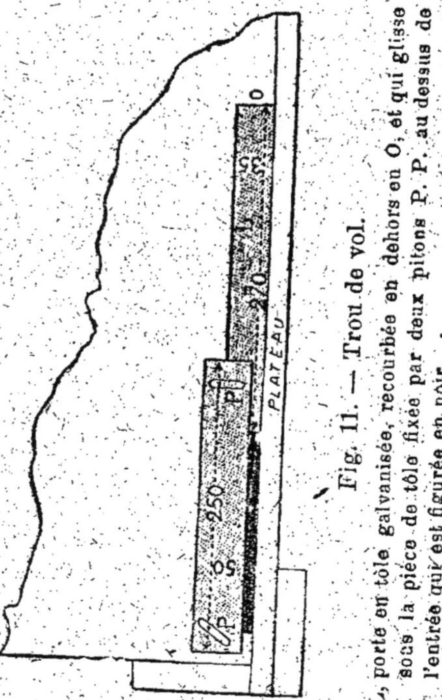

Fig. 11. — Trou de vol.

L, porte en tôle galvanisée, recourbée en dehors en O, et qui glisse sous la pièce de tôle fixée par deux pitons P. P. au dessus de l'entrée qui est figurée en noir.

A la partie inférieure de la face antérieure, on pratique une ouverture *v* (fig. 8, 9 et 10), c'est le trou de vol; cette ouverture a 8 millimètres de haut sur 220 millimètres de large. On peut en rétrécir à volonté l'ouverture à l'aide du dispositif représenté par la figure 11.

Il est à conseiller de clouer sur les quatre faces du corps de ruche des paillassons ordinaires de jardin, pour protéger encore mieux la colonie contre les variations de température; il est inutile d'en placer sur les hausses.

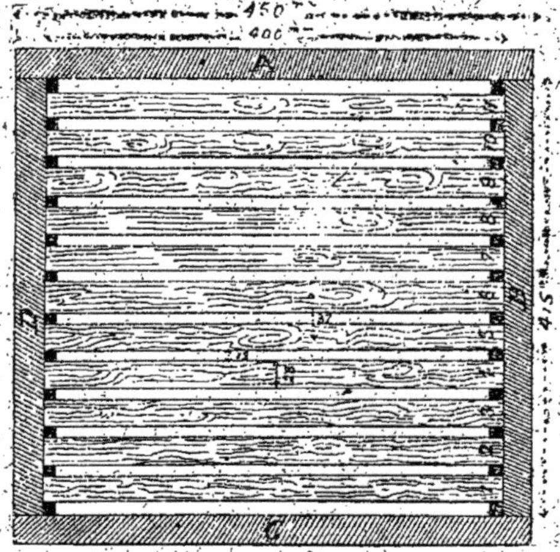

Fig. 12. — Corps de ruche vu en plan.

PLATEAU. — Le plateau formant le fond mobile de la ruche est une planche de 465 millimètres de large sur 550 millimètres de long; on voit qu'elle dépasse ainsi le corps de ruche en avant de 100 millimètres; cette saillie tient lieu de planche de vol et permet aux abeilles de se reposer en rentrant de leurs courses (fig. 9 et 10).

RAYONS DU CORPS DE RUCHE. — Ces rayons seront soutenus par des lattes (fig. 12) ; on fera usage de lattes ayant 10 millimètres d'épaisseur, 25 millimètres de largeur et 400 millimètres de long ; ces dimensions sont *très importantes*. Dans l'état de nature, les abeilles espacent leurs rayons de 37 millimètres de centre à centre ; nous devons faire de même, sous peine d'avoir des constructions intercalaires et irrégulières. Le corps de ruche contient onze de ces lattes ; elles seront espacées de 12 millimètres entre elles, ce qui donne bien 37 millimètres de centre en centre, et clouées sur la feuillure *a* ; elles affleureront alors le bord supérieur des parois. Ces lattes sont placées *perpendiculairement* à la paroi antérieure.

HAUSSES. — Suivant que le pays et l'année sont plus ou moins mellifères, on placera une ou plusieurs hausses. Chacune d'elles est formée par l'assemblage de quatre planches de 155 millimètres de haut et respectivement 450 et 415 millimètres de large, comme il a été dit pour le corps de ruche. On y placera aussi onze lattes pour supporter les rayons.

TOITURE. — La toiture a une légère pente *de l'avant à l'arrière* pour faciliter l'écoulement de l'eau ; la hauteur à l'avant est de 100 millimètres, à l'arrière 50 millimètres ; en largeur, les dimensions des planches qui les constituent sont respectivement les mêmes que celles du corps de ruche. Comme dessus de la toiture, on cloue, bien jointives, des lames de bois léger, de manière que celles-ci débordent de 50 millimètres de tous les côtés ; par-dessus, enfin, un morceau de carton bitumé ou mieux une feuille de tôle galvanisée.

Avec les indications minutieuses qui précèdent, chacun pourra facilement construire la ruche dont je viens de donner la description. On voit qu'elle répond bien aux conditions demandées : chaque rayon de 12 décimètres carrés contient 10 000 alvéoles, soit 110.000 pour les onze rayons, quantité largement suffisante pour le nid à couvain. Deux hausses représentent également 110.000 cellules, ce qui permet de recevoir le miel récolté par les butineuses dans une année moyenne, en bon pays ; dans des conditions moins favorables, une hausse suffira.

Pour augmenter encore sa durée, on pourra peindre la ruche avec de l'ocre jaune, la planche de vol et la toiture en blanc.

Il est recommandable de joindre ensemble le corps de ruche, le plateau, les hausses et la toiture par des crochets mobiles. Il est indispensable de placer un paillasson au-dessus des rayons (fig. 9 et 10), dans la hausse supérieure quand il y en a, dans le corps de ruche dans les autres époques. La ruche sera placée bien d'aplomb sur un support en bois ou quatre dés en pierre.

Pour obliger les abeilles à bâtir droit, coller sous les barrettes, avec de la colle forte, des morceaux de vieux rayons, à cellules d'ouvrières, de 4 à 6 centimètres de haut.

Les apiculteursqui possèdent des ruches vulgaires de faible capacité peuvent les améliorer en s'en servant comme d'une hausse placée sur un corps de ruche dont nous venons d'indiquer la construction;

mais dans ce cas le dessus de ce corps de ruche
sera recouvert d'une planche percée d'un trou de
même diamètre que l'ouverture de la petite ruche.
Dans le courant de la saison, les abeilles descen-
dent naturellement dans la caisse inférieure pour y
construire des rayons ou la reine ira pondre et par
la suite on récoltera la ruche supérieure pleine de
miel.

Construction de la ruche à cadres mobiles verticale, système Dadant.

HISTORIQUE. — La ruche verticale ou à hausses
appelée *ruche Dadant* a été en réalité inventée par
l'apiculteur américain Langstroth en 1851 ; c'est la
meilleure des ruches verticales. Les dimensions en
ont été à plusieurs reprises légèrement modifiées
par différents apiculteurs. Le corps de la ruche
Langstroth originale comportait des cadres mesurant intérieurement 425 millimètres de large sur 215
de haut; le nombre de ces cadres était variable, en
moyenne de dix; plus tard, un autre apiculteur
américain, Quinby, fixa le nombre de ces cadres à
huit et leur donna comme dimensions intérieures
460 millimètres de large sur 270 millimètres de haut.
Charles Dadant, un Français établi aux Etats-Unis
et grand apiculteur, conserva ces dimensions, mais
porta le nombre des cadres à onze ; enfin dans un
article publié en mars 1889, M. Bertrand, directeur
de la *Revue internationale d'apiculture*, proposait
de remplacer le cadre de Quinby par celui de l'apiculteur suisse Blatt. Ce dernier cadre mesurait inté-

rieurement 420 millimètres de large sur 267^{mm} 1/2. Il serait, d'après M. Bertrand, plus maniable et de dimensions plus convenables pour la ponte ; le corps de ruche contient douze de ces cadres au lieu de onze. La ruche ainsi transformée a reçu le nom de *ruche Dadant-Blatt* ou *ruche Dadant modifiée*. (Voy. fig. 6.)

Beaucoup d'apiculteurs, qui ont conservé le modèle Dadant primitif, y mettent treize cadres, ce qui rend la ruche exactement carrée et permet de poser les hausses dans un sens quelconque, de manière à ce que les cadres d'un récipient soit toujours dirigés perpendiculairement à ceux placés au-dessus ou au-dessous. D'après les observations de Kovar, cette disposition faciliterait la montée des abeilles dans les hausses.

Pour ma part je considère toutes ces modifications millimétriques comme absolument insignifiantes dans la pratique et de nature à rendre plus confuse encore la question des ruches. Je suis donc tout à fait acquis à la décision du congrès d'apiculture qui s'est tenu à Paris le 3 septembre 1891, et qui, dans un but de simplification, a adopté pour les ruches verticales le cadre de 40 centimètres de large sur 3o centimètres de haut dans œuvre ; outre que ces chiffres sont plus faciles à retenir, la surface du rayon ainsi formé est de 12 décimètres carrés ; il contient exactement, lorsqu'il est plein, 4 kilos de miel et 10,000 cellules d'ouvrières en y comprenant les deux faces ; cela simplifie au maximum les calculs.

Ce cadre du congrès est le *cadre national fran-*

çais pour les ruches verticales, de même que le cadre de 40 centimètres de haut sur 3o centimètres de

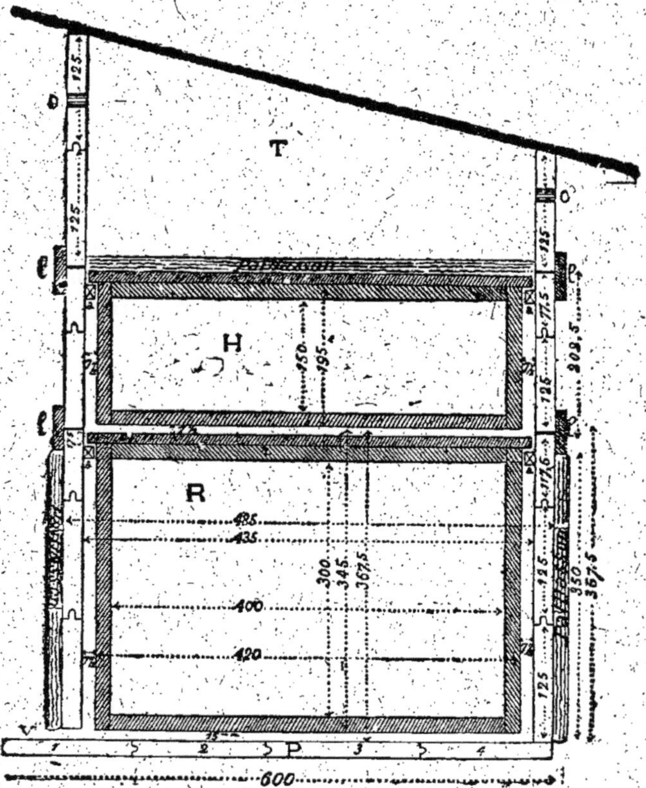

Fig. 13. —

large est le cadre français pour les ruches horizon-tales.

La ruche verticale construite sur ces dimensions

doit recevoir le nom de *ruche verticale du congrès* ou *ruche verticale française*. Nous allons décrire en détail son mode de construction.

FORME GÉNÉRALE. — La ruche en question se compose d'une caisse R carrée, (fig. 13.) mesurant extérieurement 485 millimètres de côté et intérieurement 435 millimètres, sur une hauteur de $367^m/^m 5$; c'est le *corps de ruche* destiné au logement du couvain et des provisions d'hivernage. Le fond est constitué par un plateau P mobile, sur lequel le corps de ruche est simplement posé et non cloué. Au moment de la miellée on place par-dessus la caisse R d'autres récipients de même forme et de même surface appelés *hausses*, H ; il peut y en avoir une, deux, trois et plus suivant que la région et l'année sont plus ou moins mellifères ; les hausses ont une hauteur moitié moindre que le corps de la ruche pour être plus facilement remplies, elles sont destinées à recevoir la récolte de miel. Par-dessus, une toiture inclinée vers l'arrière, T.

BOIS A EMPLOYER. — Le meilleur bois est le sapin et en particulier le sapin rouge du Nord, qui ne présente pas de nœuds et est de longue durée. Il est avantageux de prendre pour la construction des lames de parquet qui s'emboîtent par rainure et languette ; en mettant un peu de colle forte au moment de la jonction on obtient un assemblage très solide qui ne joue pas et ne se voile jamais. Ces lames étant rabotées, leur mise en œuvre est rapide et facile. Pour avoir une perte de bois insignifiante on les prendra de 125 millimètres de large (non compris la languette) et d'une longueur qui soit un multiple de 0^m5o, la ruche ayant dans sa plus grande largeur 48 cent. 1/2. L'épaisseur des lames devra être de 25^m/^m. Il en faudra par ruche 13 mètres de longueur.

Pour la couverture on prendra de la volige de 1 centimètre d'épaisseur ; il en faudra 0^m c. 3o. Les cadres seront faits avec des lattes de 10^m/^m d'épaisseur et 25^m/^m de large ; il en faudra une longueur de 25 mètres.

Construction du corps de ruche. — Chacune des parois antérieure et postérieure est formée de trois lames assemblées de 485 millimètres de long, deux de ces lames restent à 125 millimètres de large, la troisième est réduite à 117^m/^m5, ce qui donne une hauteur totale de 367^m/^m 1/2. A 17^m/^m 1/2 en dessous du bord supérieur et intérieurement on cloue une latte l de 435 millimètres de long, 6 millimètres de large et 10 millimètres de hauteur ; ces lattes servent à maintenir les porte-rayons a dont l'extrémité repose dessus.

Les parois latérales se font comme les deux autres, mais la longueur des lames qui les constituent est réduite à 435 millimètres.

Au bas de la paroi antérieure y et au milieu on découpe l'ouverture rectangulaire allongée servant de trou de vol, cette ouverture a 8 millimètres de haut sur 220 millimètres de longueur. Elle peut être rétrécie à volonté par une lame de zinc ou un bloc de bois coulissant devant.

Plateau. — Il est formé par l'assemblage de quatre lames de 485 millimètres de long ; pour le rendre plus solide, il est recommandable de clouer par dessous deux traverses de renforcement, qui ne sont pas figurées sur le dessin.

HAUSSES. — Les hausses H se font comme le corps de ruche, mais elles ont une hauteur moitié moindre ; il y entre pour chaque paroi une lame de 125 millimètres de large et une autre de 77$^m/^m$ 1/2 avec des longueurs de 485 millimètres pour les parois

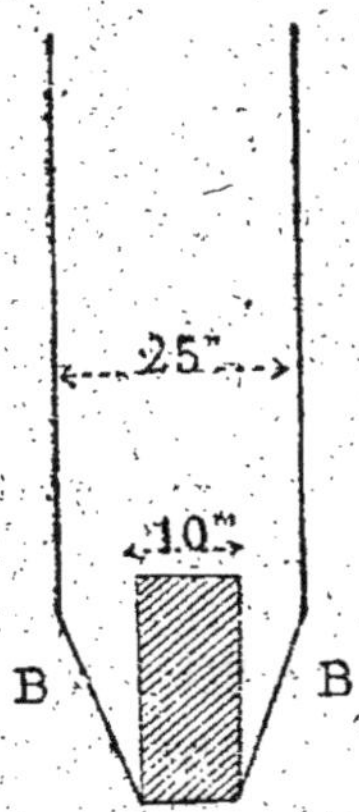

Fig. 14. — Jonction de la traverse inférieure d'un cadre, placée de champ, avec un des côtés taillé en biseau, B. B.

avant et arrière et 435 millimètres pour les parois latérales. On cloue également une traverse t, comme dans le corps de ruche.

CADRES DU CORPS DE RUCHE. — Chaque cadre se compose de cinq pièces :

Une traverse supérieure t ou porte-rayon de 433 millimètres de long (ce qui donne 1 millimètre de jeu de chaque côté), posée à plat.

Deux montants verticaux de 335 millimètres de long.

Une traverse inférieure de 400 millimètres : cette dernière sera clouée de champ et non à plat ; l'extrémité inférieure des montants verticaux étant taillée en biseau, cela facilite l'entrée et la sortie des cadres et augmente la solidité. (Fig. 14.)

Une traverse *r* de renforcement de 400 millimètres clouée à plat sous le porte-rayon.

Pour faire toujours des cadres réguliers et bien d'aplomb, il est utile d'en effectuer le clouage sur un moule formé d'une planche en bois dur de 25 millimètres d'épaisseur et mesurant 300×400 millimètres.

Cadres des hausses. — Ils sont faits absolument comme les cadres du corps de ruche, mais les montants verticaux n'ont que 195 millimètres de haut.

Toiture. — La figure montre comment la toiture T est faite ; elle est inclinée de l'avant vers l'arrière et pour cela la paroi arrière ne comprend qu'une lame et celle d'avant en comprend 2 emboîtées. En O on perce des trous d'aération de la grandeur d'une pièce de cinq francs et fermés intérieurement par une toile métallique M qui empêche les étrangères d'y pénétrer. Le dessus du toit est formé de voliges de 10 millimètres d'épaisseur et déborde de quelques centimètres de chaque côté ; le tout est recouvert d'une feuille de zinc ou de tôle galvanisée.

Doublage des parois. — La ruche ainsi faite est à parois simples ; les hausses seront laissées ainsi : mais, pour le corps de ruche où les abeilles passent l'hiver, il est recommandable de clouer, au moins

sur les parois avant et arrière, des paillassons
sulfatés. On sulfate les paillassons, pour augmenter
beaucoup leur durée, en les plongeant pendant deux
ou trois jours dans une solution de sulfate de cuivre (vitriol bleu) à 5 pour cent.

DISPOSITION ET NOMBRE DE CADRES. — Les cadres
sont placés en *bâtisse froide*, c'est-à-dire perpendiculairement au trou de vol ; il en entre onze par
ruche et par hausse, dans ces conditions les porte-
rayons sont espacés de 13 millimètres, et il reste 15
millimètres entre les derniers cadres et la paroi, là
ce léger excédent de 2 millimètres n'a pas grand
inconvénient.

La ruche se trouve dès lors avoir une surface
exactement carrée et la hausse peut être placée dans
n'importe quel sens.

Pour empêcher les hausses et la toiture de glisser
on cloue en *l* des lames sur tout le pourtour supérieur, pour former une sorte de feuillure.

Un paillasson sera placé sur le dessus des cadres.

Pour mettre toujours les cadres à l'espacement
voulu sans hésitation, il faudra enfoncer à moitié
dans le bas des parois avant et arrière des pointes *i*
ou des crampillons et faire de même pour les traverses *t*, en observant les distances convenables. Si
l'on fait un certain nombre de ruches, ce travail sera
facilité par l'établissement d'un guide formé d'une
planche percée d'un nombre de trous égal à celui
des pointes à placer.

PRIX DE REVIENT DE LA RUCHE. — Le prix de revient
d'une telle ruche est facile à établir, de la manière
suivante :

1^{m²} 65 de lames de parquet à 2 fr. le mètre
carré.. 3 fr. 30
0^{m²} 50 de volige à 1 fr. le mètre carré........... 0   50
25^m de lattes pour les cadres, à 0 fr. 05 le mètre 1   25
2 paillassons.............................. 0   50
Tôle ou zinc pour le toit.................... 1   50
Crochets, plaques, portes, pointes........... 0   70
                                              ____
                        Total............. 7 fr. 75

La ruche construite par l'apiculteur reviendra donc
à huit francs au maximum ; un menuisier un peu
habile peut facilement l'établir en moins d'une
journée.

Construction d'une ruche à cadres mobiles horizontale. Système Layens.

HISTORIQUE. — La ruche de Layens est du système
horizontal, elle n'a par conséquent point de hausses
comme la ruche Dadant précédemment décrite. C'est
la plus simple des ruches à cadres, la plus facile à
manœuvrer et à conduire, lorsqu'elle est bien faite ;
elle convient par suite particulièrement bien aux
agriculteurs qui veulent faire de l'apiculture simple
et récolter du miel avec le moins de temps et de travail. La première idée de cette ruche fut suggérée à
M. de Layens, en 1865, pendant une exposition d'apiculture à Paris, par l'examen d'une ruche exposée
par M. Thierry-Mieg, de Mulhouse ; cette ruche
obtint une médaille d'or de première classe. Elle se
composait d'une caisse de 60 centimètres de long
sur 26 de haut, pouvant recevoir quinze cadres s'en-

levant par le haut ; un paillasson l'enveloppait tout entière afin de lui conserver une température uniforme. C'est sur ce modèle que M. de Layens fit ses premières observations ; il en modifia peu à peu l'agencement et finit par adopter une dimension comportant vingt cadres qui mesuraient, dans œuvre, 310 millimètres de large sur 370 millimètres de haut. Lors du Congrès apicole de 1891, M. de Layens, partisan des grands cadres, abandonna, dans un but de simplification, celui qu'il avait adopté primitivement et se rallia au modèle mesurant intérieurement 400 millimètres de haut sur 300 millimètres de large. C'est en partant de ces dimensions que nous exposerons la construction de la ruche dite économique qui porte le nom de cet apiculteur éminent.

La figure 7 montre la forme extérieure de la ruche.

Forme générale. — Elle se compose d'une caisse en bois sans fond dont le couvercle, formant le toit de la ruche, est relié à la caisse par deux charnières. Les deux faces les plus grandes de la caisse constituent ce qu'on appelle le *devant* et le *derrière de la ruche* ; les deux faces les plus petites sont appelées les *côtés de la ruche* et la caisse tout entière forme le *corps de la ruche*. Une grande partie du devant et du derrière de la ruche est recouverte de paille ; c'est dans le corps de la ruche que sont enfermés des cadres en bois ; ces cadres, au nombre de vingt, sont placés parallèlement aux côtés de la ruche. Enfin, cette caisse sans fond, qui forme le corps de la ruche, repose simplement sur une planche qui déborde sur le devant et qu'on nomme *le plateau de la ruche* ; une planche *a*, sur laquelle arrivent les abeilles, est fixée à gauche et en avant du plateau : c'est la *planche de vol*.

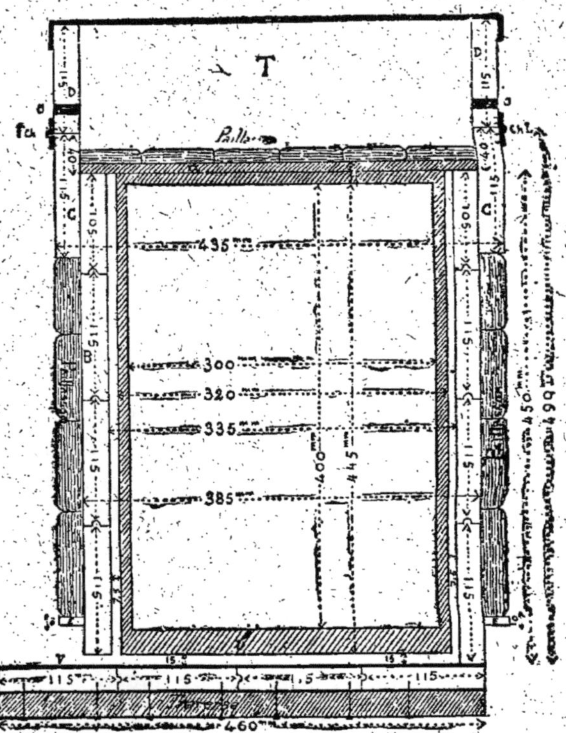

Fig. 15. — Coupe de la ruche Layens par un plan parallèle à la face latérale.

Bois à employer. — De même que pour la ruche Dadant, on emploiera des lames de parquet assemblées par rainure et languette. Pour avoir le moins

de perte possible on les prendra de 115 millimètres
de large (non compris la languette) et de 7 mètres
de long. L'épaisseur des lames devra être de 25
millimètres. Il en faudra par ruche 19″60 de long
ou en surface environ deux mètres carrés à 2 francs
le mètre, 4 francs.

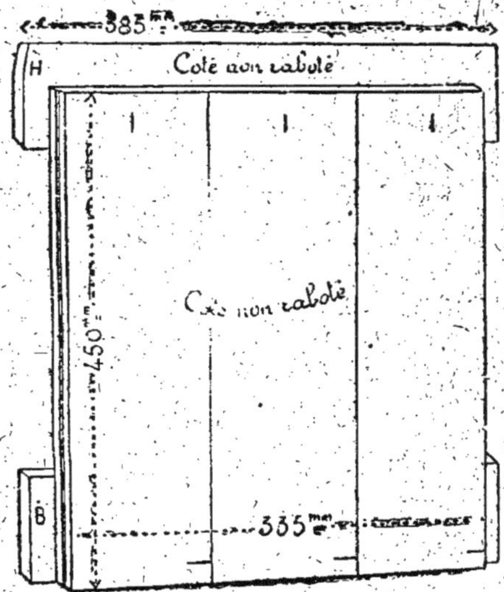

Fig. 16. — Assemblage des côtés latéraux.

Les cadres seront faits avec des lattes de 10 millimètres d'épaisseur et 25 millimètres de large, il en
faudra une longueur de 37 mètres environ à 0 fr. 05
le mètre, 1 fr. 85.

CONSTRUCTION DU CORPS DE RUCHE. (Fig. 15.) —
Pour construire le corps de ruche nous devrons
débiter les longueurs de lames suivantes :

Pour le devant et le derrière ⎰ 8 longueurs de 830 m/m.
     de la ruche.   ⎱ 2 longueurs de 880 m/m.

Pour les côtés latéraux......⎰ 6 longueurs de 450 m/m.
                            ⎱ 4 longueurs de 385 m/m.

Les figures 16, 17 et 18 indiquent clairement comment le montage doit être fait ; il n'offre aucune difficulté.

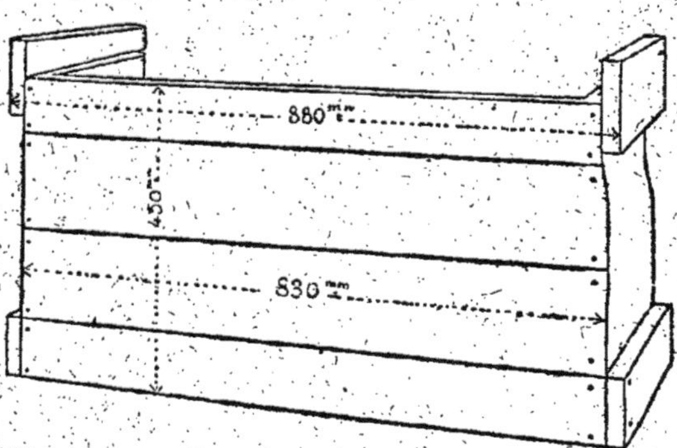

Fig. 17. — Assemblage du corps de ruche.

La lame C (fig. 15) formant feuillure dépasse le corps de ruche de 40 millimètres.

Il ne faudra pas oublier, avant le montage, de scier dans la paroi antérieure les deux trous de vol indiqués dans la figure 7 ; ces ouvertures ont 8 millimètres de haut sur 220 millimètres de longueur ; elles peuvent se rétrécir à volonté au moyen d'une languette L qui coulisse sous une plaque de tôle galvanisée fixée à la paroi par deux pitons. (Fig. 11.)

PLATEAU. — Il est formé (fig. 19) par l'assem-

blage de quatre lames de 880 millimètres de long ;
pour le rendre plus solide, il est indispensable de
clouer par dessous deux traverses de 460 millimètres ;
en avant, on installe la petite planche de vol P.

CADRES. — Chaque cadre se compose de cinq
pièces : (Fig. 5.)

Une traverse supérieure *a* ou porte-rayon de 383

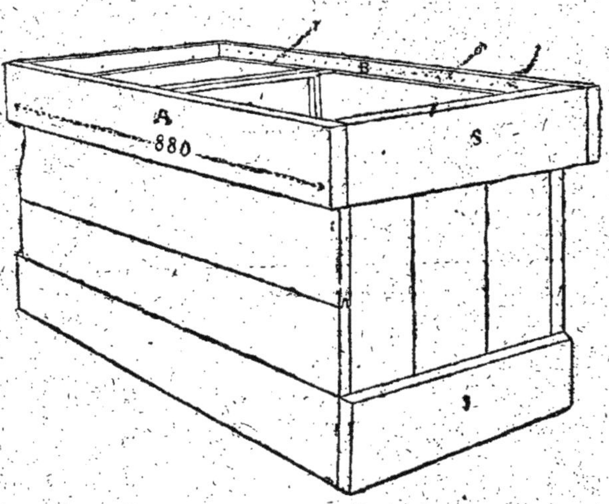

Fig. 18. — Le corps de ruche assemblé.

millimètres de long (ce qui donne 1 millimètre de jeu
de chaque côté), posée à plat. Il en faut 20 en tout.

Deux montants verticaux de 435 millimètres : il
en faut 40.

Une traverse inférieure *b* de 300 millimètres ; cette
dernière sera clouée de champ et non à plat, ce qui
ne serait pas solide ; l'extrémité inférieure des mon-

tants verticaux est taillée en biseau, cela facilite
l'entrée et la sortie des cadres. Il faut 20 de ces traverses.

Une traverse *p* de renforcement de 300 millimètres
clouée à plat sous le porte-rayon. Il en faut 20.

Pour faire toujours des cadres réguliers et bien
d'aplomb il est indispensable d'en effectuer le montage sur un moule formé d'une planche en bois de

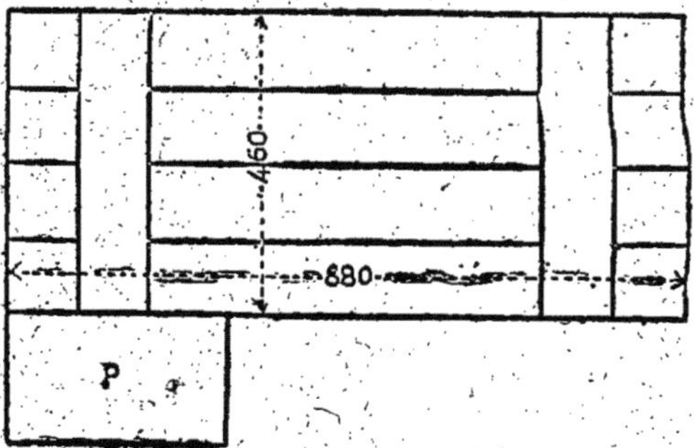

Fig. 19. — Assemblage du plateau.

25 millimètres d'épaisseur et mesurant en surface
300×400 millimètres.

Toiture. — Il faut pour l'établir, deux longueurs
de lames de 830 millimètres et deux longueurs de
435 millimètres. En O (fig. 15) on perce des trous
d'aération de la grandeur d'une pièce de 5 francs et
fermés intérieurement par une toile métallique qui
empêche les abeilles étrangères d'y pénétrer. Le dessus du toit est formé par une tôle galvanisée clouée
tout autour. Il peut, à l'aide de deux charnières *Fch,*

se rabattre sur le devant de la ruche ; en arrière *chL*
se trouve un fermoir que l'on peut munir d'un cade-
nas. Les parois du corps de ruche sont doublées par

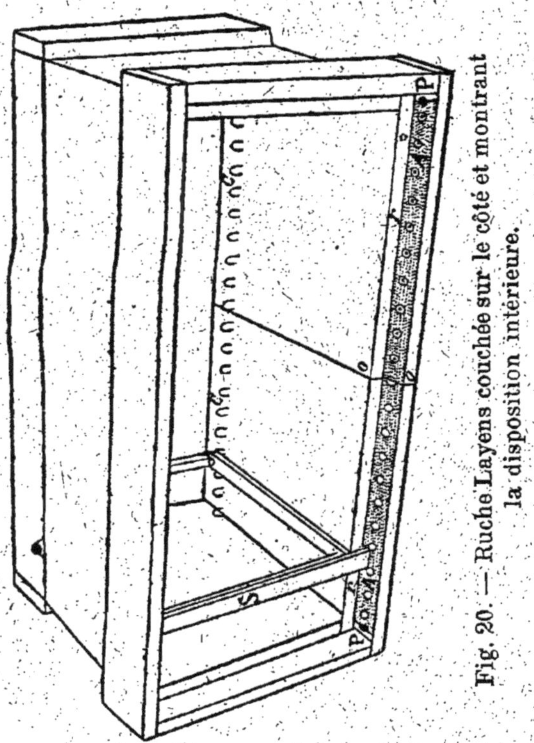

Fig. 20. — Ruche Layens couchée sur le côté et montrant la disposition intérieure.

des paillassons sulfatés. Ce sulfatage est obtenu très
facilement en les plongeant pendant deux ou trois
jours dans une solution de sulfate de cuivre à 5 o/o ;
il en augmente beaucoup la durée. Un paillasson est

aussi placé sur le dessus des cadres pour éviter le refroidissement ; ce paillasson doit être laissé en place en été comme en hiver.

Les figures 20 et 21 montrent comment est obtenu l'espacement régulier et constant des cadres à 38 millimètres du milieu d'un cadre au milieu du suivant ; en bas, ce sont des crampillons enfoncés

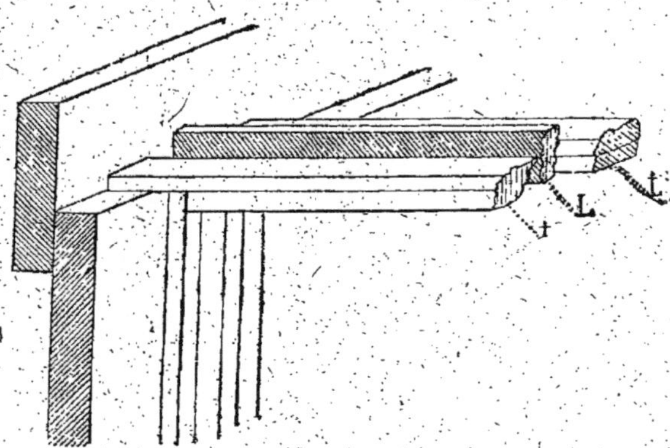

Fig. 21. — Lattes pour séparer les rayons à la partie supérieure.

dans la paroi, en haut, des lattes de 10 millimètres d'épaisseur placées entre les porte-rayons ; 10 millimètres d'épaisseur suffisent pour ces lattes qui doivent avoir un peu de jeu à cause de la propolisation.

Prix de revient de la ruche. — Le prix de revient d'une telle ruche est facile à établir de la manière suivante :

2 mètres carrés de lames de parquet à 2 fr..... 4 fr.
37 mètres de lattes pour les cadres à 0.05 le m. 1 85
2 paillassons.................................... 0 50
Tôle galvanisée pour le toit.................... 1 50
2 charnières................................... 0 60
Crochets, plaques, portes, pointes............. 0 70

Total........ 9 15

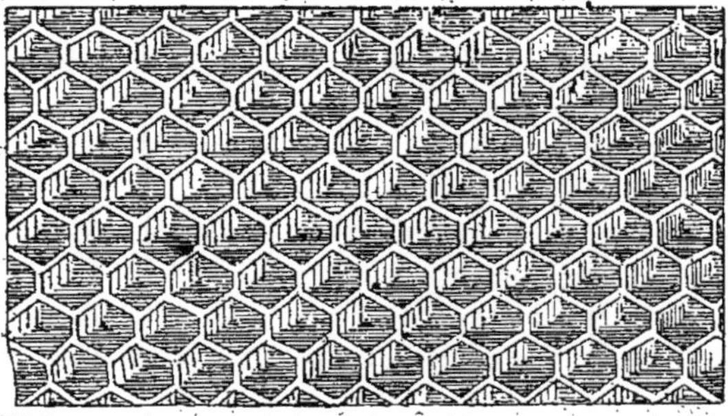

Fig. 22. — Feuille de cire gaufrée.

La ruche construite par l'apiculteur reviendra donc à 9 francs environ. Un menuisier un peu habile peut facilement l'établir en moins d'une journée.

LA CIRE GAUFRÉE. — La cire gaufrée est un adjuvant indispensable à l'apiculteur mobiliste. On appelle ainsi des feuilles de cire plus ou moins épaisses dans lesquelles des rudiments d'alvéoles d'ouvrières ont été mécaniquement creusés à l'aide d'appareils que je ne puis m'attarder à décrire, mais dont le plus simple ressemble à un moule à gaufres ordinaires. (Fig. 22.)

Dès que les abeilles ont ces feuilles à leur disposition, elles étirent les rudiments d'alvéoles jusqu'aux dimensions qu'ils possèdent d'habitude.

L'emploi de la cire gaufrée permet de gagner du temps en fournissant immédiatement des bâtisses aux abeilles pour y loger leur miel; de plus, les

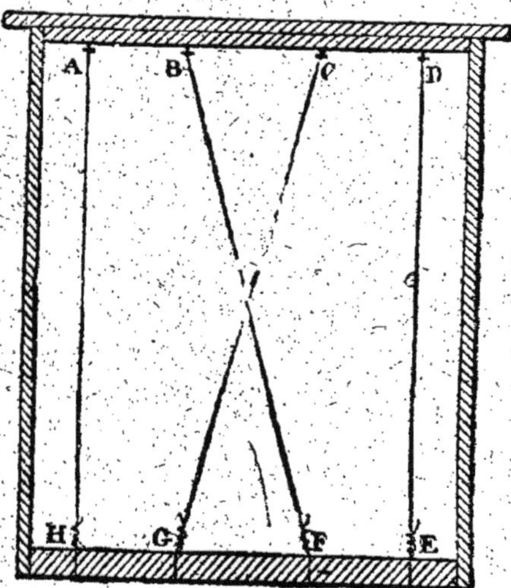

Fig. 23. — Disposition des fils de fer pour la fixation de la cire gaufrée dans les cadres

constructions sont toujours placées régulièrement dans les cadres; si on laisse les abeilles travailler à leur guise, les rayons sont souvent construits de travers et chevauchent sur trois ou quatre cadres qu'il devient alors impossible de déplacer.

On vend des cires gaufrées de différentes épais-

seurs, celles qui conviennent le mieux font 90 décimètres carrés environ au kilogramme ; il en faudrait
donc près de 3 kilos pour garnir une ruche à 20 ca-

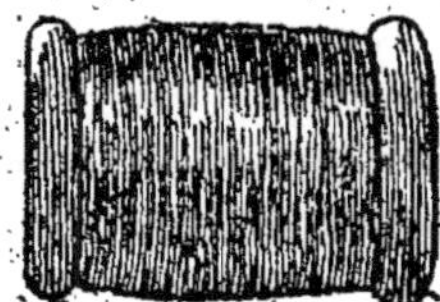

Fig. 24. — Bobine de fil de fer.

dres. Le prix est de 5 francs le kilogramme ; mais
nous verrons plus loin qu'il est inutile de garnir
tous les cadres.

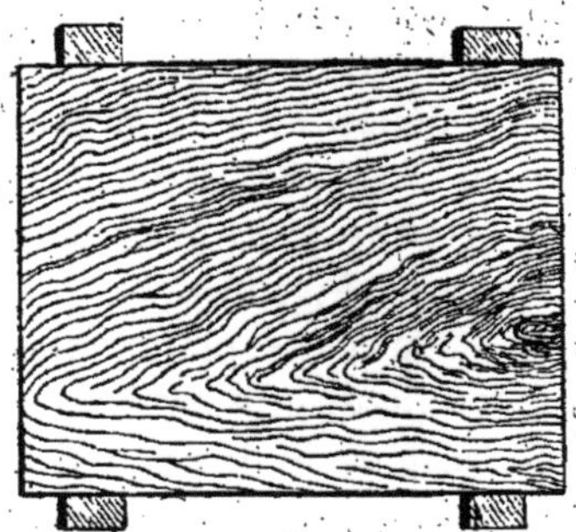

Fig. 25. — Planchette pour fixer la cire gaufrée.

Pour éviter que le rayon ne se gondole dans la
ruche sous l'influence de la chaleur, il est nécessaire
que les feuilles gaufrées soient de 2 centimètres
moins grandes que le cadre dans œuvre.

Fig. 26.
Eperon Voiblet.

Pour arriver à la fixation de la cire gaufrée dans le cadre, on doit d'abord y tendre des fils de fer galvanisés très fins, (fig. 23) comme l'indique la figure ; la cire gaufrée est alors coupée de manière à être plus étroite que le cadre lui-même de o^m,o1 sur chaque côté et de o^m,o2 en bas pour que la cire puisse se dilater sans se gondoler sous l'influence de la chaleur et du travail des abeilles.

D'autre part, on a préparé une planchette ayant exactement les dimensions intérieures du cadre et pouvant y pénétrer librement, moins épaisse de un millimètre et demi que la moitié de l'épaisseur de la traverse, et débordée latéralement en haut et en bas par deux lattes clouées en dessous pour maintenir le cadre en place. (Fig. 25.)

Sur cette planchette, on place la feuille de cire gaufrée et par-dessus le cadre garni de ses fils de fer ; il suffit maintenant, pour que la fondation soit solidement fixée, de faire fondre légèrement la cire autour des fils pour que ceux-ci s'y trouvent noyés. On se sert pour cela de l'éperon (fig. 26) imaginé par un apiculteur suisse, M. Voiblet. Cet ingénieux petit ap-

pareil ressemble à celui dont se servent les ména-
gères pour couper la pâte. Il se compose d'un manche
à l'extrémité duquel tourne une roulette de 0ᵐ020 de
diamètre, munie de 26 dents, et l'extrémité de chacune de ces dents porte une échancrure dans laquelle
le fil peut s'emboîter. On chauffe légèrement l'éperon sur une lampe à alcool, et on le fait rouler sur
le fil ; la cire est fondue au passage, le fil y pénètre
et est suffisamment recouvert pour que la feuille soit

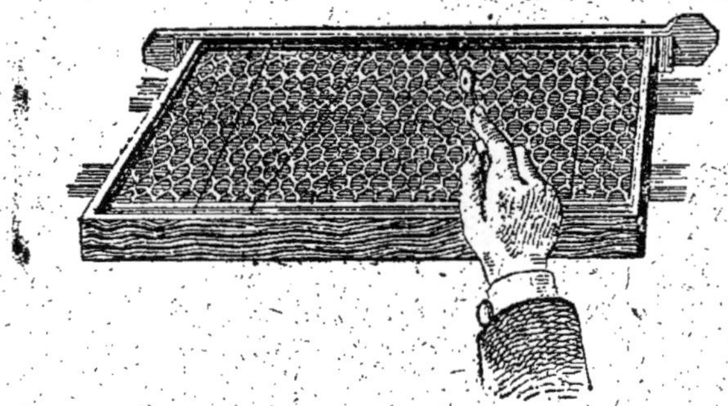

Fig. 27. — Fixation de la cire gaufrée.

solidement maintenue. L'éperon Voiblet coûte
1 fr. 25. (Fig. 26.)

UTILISATION DES VIEUX RAYONS. — C'est une excellente pratique que d'employer les vieux rayons provenant de ruches mortes pendant l'hiver pour garnir les cadres vides ; on réalise ainsi une sérieuse
économie de cire gaufrée. On peut utiliser ces rayons
vides, soit en collant avec de la colle forte de simples bandes, en guise d'amorces, sous la traverse
supérieure, soit en remplissant tout le cadre ; dans

ce dernier cas, les morceaux de rayons doivent être assez grands ; on les fixe à l'aide de trois fils de fer qui font le tour du cadre et sont tordus sous la traverse inférieure. Il est bien entendu que l'on doit rejeter les rayons à cellules de mâles.

MANIPULATION DES RUCHES. — Les piqûres des abeilles sur les mains ne sont pas trop douloureuses,

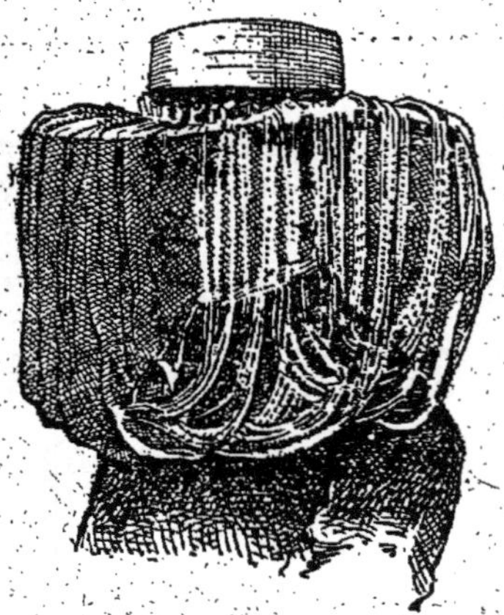

Fig. 28. — Voile d'apiculteur.

et l'enflure qui en provient disparaît généralement assez vite ; au bout de peu de temps, même, on n'en est plus, pour ainsi dire, incommodé. Il n'en est pas de même pour la figure qui doit toujours être protégée par un voile de tulle *noir* fixé aux ailes du chapeau. (Fig. 28.) La fumée dompte les abeilles ; aussi l'emploi d'un enfumoir est-il indispensable. Le meilleur est l'enfumoir Bingham, (fig. 29) il se compose

d'un cylindre de fer-blanc qui reçoit à la partie inférieure le vent d'un soufflet sur lequel il repose ; dans
ce cylindre, on introduit un rouleau de gros papier
ou du boispourri, des chiffons de coton préalablement allumés et l'on ferme avec un couvercle coni-
que également en fer-blanc.

Fig. 29. — Enfumoir Bingham. Fig. 30. — Racloir
pour nettoyer les
ruches.

Le petit outillage nécessaire à l'apiculteur comprend encore un fort couteau à lame longue, une
brosse à longs poils (voy. fig. 3) ou une aile d'oie
pour balayer les abeilles des rayons que l'on récolte,
enfin, un racloir pour nettoyer les ruches. (Fig. 30.)

CHAPITRE IV

Peuplement du rucher. — Transvasement. — Essaimage artificiel

ACHAT DES COLONIES. — Lorsqu'on veut se procurer des abeilles pour peupler un rucher, c'est aux apiculteurs fixistes des environs qu'il vaut le mieux, s'adresser ; on a ainsi des abeilles déjà acclimatées, un transport à courte distance, et toutes les chances de réussite se trouvent ainsi réunies. Le prix d'achat des colonies dans ces conditions est très variable, suivant les pays ; c'est dans les pays de montagne qu'elles sont généralement le moins coûteuses. Dans le département du Puy-de-Dôme, j'ai payé de 6 à 12 francs par ruche, à la condition de rendre les paniers vides dans le cours de l'année ; dans d'autres régions, ces prix s'élèvent souvent à 15 ou 20 francs.

L'automne et le printemps sont les deux saisons pendant lesquelles on pratique de préférence l'achat et le transport des colonies logées en ruches à rayons fixes et qui sont destinées, par la suite, à peupler les ruches à cadres par transvasement ou essaimage artificiel.

Pour ma part, je préfère acheter au printemps, dans la dernière quinzaine d'avril et même dans les premiers jours de mai. A ce moment, la récolte n'est pas encore commencée ; il y a cependant déjà quelques fleurs qui fournissent du miel et du pollen pour la consommation journalière, et les familles qui ont passé l'hiver sans accident peuvent être considérées comme sauvées ; les ruches ne sont pas encore lourdes, les populations pas trop fortes, le couvain pas trop abondant, et les nuits assez fraîches permettent le transport sur des voitures bien suspendues, sans craindre l'effondrement des rayons.

En faisant, au contraire, l'achat en automne non seulement on se trouve en présence de colonies plus lourdes et dont le maniement est plus difficile à cause du miel qui s'y trouve pour les provisions d'hiver, mais on court tous les risques de l'hivernage et quelques familles peuvent périr pendant la mauvaise saison, ce qui augmente d'autant le prix de celles qui restent. Il vaut mieux ne pas courir ces risques.

Les essaims secondaires de l'année précédente sont presque toujours les meilleurs, parce qu'ils possèdent des reines jeunes et au maximum de fécondité ; il en est de même des ruches qui ont essaimé l'année précédente.

Les conditions principales à rechercher dans la colonie que l'on achète sont : une nombreuse population et un abondant couvain d'ouvrières disposé en plaques compactes. On reconnaît que la première condition est remplie en observant le va-et-vient des insectes devant le trou de vol ; celui-ci doit donner passage à de nombreuses butineuses rapportant à leurs pattes postérieures des pelotes de pollen. On sait que le pollen sert à l'alimentation des larves, et lorsque les abeilles en rapportent beaucoup, cela est un indice que la famille n'est pas orpheline. On remarquera ainsi les ruchées les plus populeuses ; après les avoir enfumées par le trou de vol, on les retournera pour examiner leur intérieur ; ce faisant, on verra si elles sont lourdes ou légères et on en déduira approximativement la quantité de provisions qu'elles possèdent encore. Le panier ainsi retourné, on écarte légèrement les rayons pour s'assurer de la présence et de l'état du couvain, c'est-à-dire des jeunes encore au berceau et dont l'éclosion renouvellera la population en l'augmentant.

Un excès de couvain de mâles, reconnaissable à ce qu'il est pondu dans les plus grandes cellules et recouvert par un couvercle bombé, est l'indice d'une ruchée défectueuse dont la reine est vieille et épuisée. Le couvain d'ouvrières s'en distingue à ce fait qu'il est pondu dans les petites cellules et recouvert d'un couvercle plat et de teinte un peu plus foncée ; la ruche sera d'autant meilleure que ce couvain sera plus abondant et pondu en plaques plus compactes. Toute ruche où le couvain des mâles domine est mauvaise et ne doit pas être achetée.

Les ruches choisies sont emballées de préférence le soir, après le coucher du soleil, lorsque toutes les abeilles sont rentrées ; on les place pour cela, après les avoir légèrement enfumées, sur une toile d'emballage d'un mètre carré environ, à grandes mailles, dont on relève les bords et que l'on serre fortement autour de la ruche par une ficelle ou un fil de fer, de manière à empêcher les insectes de sortir. Pour éviter que les rayons ne se brisent et se détachent par les cahots du chemin, il est recommandable d'enfoncer dans les bords inférieurs de la ruche deux baguettes en croix sur lesquelles les rayons reposent.

Les véhicules destinés au transport doivent être bien suspendus sur des ressorts doux ; il est très important que les abeilles, qui s'agitent beaucoup pendant la marche, ne soient pas privées d'air : il leur en faut beaucoup pour ne pas périr par asphyxie. Le procédé le meilleur que j'ai trouvé consiste à les placer, dans leur sens habituel, sur les montants d'une échelle posée à plat au fond de la voiture ; l'air circule ainsi incessamment et se renouvelle à travers la toile d'emballage. Un chariot ordinaire reçoit facilement 20 ruches.

Il est prudent de dételer le véhicule et d'emmener les animaux assez loin pendant le chargement ; il peut arriver en effet qu'une ruche tombe ou s'ouvre par suite d'un faux mouvement, ce qui causerait de graves accidents.

On voyagera autant que possible de nuit et par un temps frais, à une allure lente. Aussitôt arrivé à destination, les ruches sont portées à la place qu'elles doivent occuper ; on coupe la ficelle ou le fil de fer qui retient la toile dont on laisse simplement retomber les coins. Le lendemain, les abeilles étant calmées, on enlève définitivement les toiles.

L'opération du transport des ruches demande

beaucoup de prudence et de soin ; on ne saurait faire l'emballage avec trop de précautions, la moindre ouverture pouvant donner passage aux abeilles furieuses. Si un pareil accident a lieu, il faut dételer immédiatement le cheval, le conduire assez loin et revenir muni d'un bon enfumoir.

Deux ou trois jours après on procède au transvasement par les procédés que je vais maintenant décrire.

TRANSVASEMENT. — On donne le nom de transvasement à l'opération qui consiste à faire passer une colonie d'une ruche dans une autre (et en particulier d'une ruche à rayons fixes dans une ruche à cadres mobiles) avec son couvain, ses rayons et ses provisions. On peut opérer un transvasement plus ou moins complet par plusieurs méthodes ; par exemple :

1° Après avoir découvert complètement la ruche à cadres, on place dessus la ruche en paille en fermant l'espace vide qui reste en haut par des planches et des toiles. Si la saison est assez mellifère, les abeilles arrivent à remplir de miel la ruche en paille, et la reine faute de place est obligée de descendre dans la ruche à cadres pour y déposer ses œufs, mais c'est souvent long.

2° Retourner la ruche en paille l'ouverture en haut, et placer dessus la ruche à cadres dont le fond est remplacé par une planche percée d'un trou emboîtant la ruche à transvaser. Ce procédé a, comme le précédent, l'inconvénient de demander un temps considérable, souvent la saison entière, pour obliger les abeilles à passer complètement dans l'habitation supérieure.

3° Il est bien préférable et surtout plus rapide d'opérer directement le transvasement par le *tapotement* en procédant comme il suit :

Le tapotement d'une ruche à rayons fixes a pour effet d'obliger les abeilles à quitter les bâtisses sur lesquelles elles sont groupées pour les réunir à l'état d'essaim dans un panier vide. On possède de cette manière la colonie complètement nue ; il devient possible de la manipuler à loisir, de la transporter où l'on veut, d'y rechercher la reine, etc. Cette opération du tapotement est encore indispensable pour récolter le miel dans les ruches vulgaires sans blesser les mouches : la ruche, une fois débarrassée de ses habitants, est taillée tout à l'aise, le miel enlevé, les provisions restantes évaluées à la quantité nécessaire pour un hivernage satisfaisant.

On donne quelquefois le nom de *chasse* ou *trévas* à la colonie ainsi délogée de son domicile primitif.

D'après ce que je viens de dire, il est facile de comprendre que toutes les personnes voulant faire de l'apiculture devront avant tout savoir faire une chasse. Au reste, cette opération est l'une des plus faciles, et l'on y est rarement piqué.

Le matériel est bien simple : d'abord l'enfumoir, un panier en paille vide et d'une capacité un peu moindre que la ruche à tapoter, un tige de fer pointue d'un bout et de 20 centimètres de long environ, deux chevilles de fer de 12 à 15 centimètres façonnés en pointe aux deux extrémités, un tabouret ou un vieux tonneau défoncé, deux morceaux de bois de 60 centimètres. Tout cela n'est pas coûteux, ni difficile à trouver. La ruche, débarrassée de son surtout d'hivernage, est enfumée assez fortement avant toute secousse, transportée un peu à l'écart à l'ombre et disposée l'ouverture en l'air entre les pieds du tabouret ou à la place du fond du tonneau. Un peu de fumée pour refouler les mouches qui déjà se mon-

Fig. 81. — Le tapotement.

trent au bord des rayons et aussitôt le panier vide placé dessus est fixé au panier inférieur par la cheville de fer enfoncée dans les deux bords. En plaçant la ruche habitée sur le tabouret, on voit tout de suite que les abeilles tendent à se masser de préférence vers un des bords pour effectuer leur montée; c'est

là qu'il faut enfoncer la cheville si l'on veut que
l'opération marche vite. On fait ensuite basculer le

Fig. 32. — L'apiculteur fait tomber l'essaim
dans la ruche à cadres.

Cette figure montre aussi comment la ruche est placée sur
son support.

panier supérieur autour de son point d'attache
comme charnière et on le maintient à une inclinai-

son de 45 degrés environ à l'aide des deux chevilles de bois enfoncées dans les bords des deux paniers (fig. 31). L'opérateur, un bâton dans chaque main, commodément assis et le dos tourné au jour, frappe alors modérément le fond du panier inférieur, puis à coups répétés et *continus* toute l'étendue des parois. Au bout d'un instant un bruissement très fort se fait entendre et les abeilles en masses compactes, grimpant sur le dos les unes des autres, émigrent dans le panier supérieur en choisissant comme chemin le point d'attache des deux ruches. Calmées déjà et gorgées de miel à la suite de l'enfumage, ahuries en quelque sorte par le tapotement, les mouches, quittant rayons, miel et couvain, sont bientôt toutes réunies sous forme d'essaim. Maintenant alors sans secousse le récipient où elles se trouvent à son inclinaison première, on enlève les chevilles et la tige de fer, puis on le retourne doucement pour le transporter. Maître de sa colonie, sans point d'appui où elle puisse se cramponner, l'apiculteur jettera d'une brusque secousse l'essaim ainsi formé dans une ruche à cadres munie de quelques cadres avec cire gaufrée (fig. 32) ou, le plaçant à l'ombre, pourra faire posément la récolte de miel, quitte dans ce dernier cas à rendre la colonie à la ruche d'où elle sort, le prélèvement une fois fait.

Inutile d'essayer un tapotement s'il fait froid ou si le temps est orageux : dans le premier cas, les abeilles sortiront difficilement et incomplètement ; dans le deuxième vous serez de plus fortement piqué. Rien à craindre, au contraire, par un temps chaud et une belle journée d'activité : en dix minutes tout sera fini.

Comme un certain nombre d'abeilles sont dehors occupées à la récolte au moment où vous transvasez, mettez pendant l'opération un panier vide à la place qu'occupait celui que vous tapotez, il recevra les butineuses qui rentrent au logis, vous les réunirez ensuite à l'essaim. Beaucoup de livres conseillent pour faire la chasse de placer les ruches l'une sur l'autre et de rendre la fermeture encore plus hermétique en les entourant d'un linge ficelé sur les bords. Ce procédé est mauvais parce qu'il ne permet pas de suivre la marche des abeilles et de savoir quand le travail est terminé ; par le dispositif que je décris, on sait au juste ce que l'on fait, on peut arrêter l'opération quand on le juge nécessaire, et souvent avec un peu d'attention on voit passer la reine.

Si vous avez à tapoter une ruche à calotte, opérez d'abord le corps de ruche, ensuite la calotte mise par terre à côté de vous en attendant.

De suite après l'extraction des abeilles on transporte la ruche opérée dans une chambre close puis on détache avec précaution en les coupant avec un couteau à lame large, les anciens rayons et on les fixe avec des fils de fer dans les cadres vides, en commençant par ceux qui ont du couvain et en rejetant tous ceux qui sont construits en cellules de mâles. Ces cadres sont placés dans la ruche mobile dans l'ordre suivant : tout contre l'une des parois, un ou deux rayons contenant du miel, puis les cadres contenant le couvain, à la suite de nouveaux cadres pourvus de miel ; et enfin quatre ou cinq cadres avec cire gaufrée. Les cadres de couvain doivent toujours être placés devant le trou de vol.

La seule chose à craindre est la perte de la reine. Généralement, on la voit grimper dans la ruche supérieure sur le dos des ouvrières ; alors tout va bien. Dans le cas contraire, la mère est probablement restée dans le panier primitif, on la recherchera avec le plus grand soin sur tous les morceaux de rayons, au fur et à mesure que ceux-ci seront détachés, et dans tous les recoins du panier où elle se cache quelquefois. Il faudra la rendre aussitôt à la colonie transvasée en la saisissant par les *ailes*, jamais ailleurs ; elle ne pique jamais.

La ruche garnie est mise en place le soir et le trou de vol rétréci au passage d'une abeille pour éviter le pillage.

Si la quantité de miel trouvée est presque nulle, il est très recommandable d'aider les abeilles en leur donnant un litre de sirop, comme je l'indiquerai en traitant de l'hivernage.

Essaimage artificiel. — La méthode précédente facile à appliquer au début de la saison, devient très compliquée lorsque, vers le mois de juin, les ruches sont pleines de miel et de couvain et les populations très puissantes. Il vaut mieux alors opérer par l'essaimage artificiel qui est basé sur les principes suivants :

1° Toute colonie orpheline — c'est-à-dire privée de mère — s'empresse d'en élever de nouvelles, pourvu qu'elle ait à sa disposition des œufs ou tout au moins des larves d'ouvrières de moins de trois jours. Ce principe porte le nom de *Théorie de Schirach*, du nom de l'apiculteur allemand qui l'émit pour la première fois vers 1770.

L'éclosion de l'œuf qui devra ainsi donner une nouvelle reine a lieu seize jours après sa ponte.

La reine n'est jamais fécondée à l'intérieur de la ruche, mais toujours en l'air pendant le vol ; la jeune reine effectue ce vol nuptial du cinquième au neuvième jour après sa naissance et commence à pondre environ quarante-huit heures après l'accouplement et les premiers œufs pondus par elle sont operculés 8 jours après la ponte.

Par conséquent, tout essaim artificiel, orphelin au moment de son obtention, devra, s'il est réussi, présenter des œufs dans les rayons vingt-six jours au plus tard et seize jours au plus tôt après l'opération, le neuvième jour après l'une ou l'autre de ces deux dates, c'est-à-dire le 34^m ou 25^m jour, on devra trouver du couvain d'ouvrières operculé. Si ces phénomènes se présentaient plus tôt — ce qui peut arriver — cela prouverait qu'au moment où l'essaim artificiel a été fait, la souche opérée se préparait à essaimer naturellement et possédait une jeune reine nouvellement éclose ou une cellule royale prête à éclore et introduite dans l'essaim.

2° L'œuf de l'ouvrière effectue son évolution complète en vingt et un jours ; ce laps de temps écoulé après la ponte, apparaît l'insecte parfait.

3° Une colonie accueille sans difficulté des abeilles étrangères par une journée de forte miellée, au moment où l'activité est très grande.

On conçoit que l'essaim artificiel sera d'autant meilleur qu'il sera plus fort ; on ne devra donc le demander qu'à une souche elle-même très populeuse ou mieux encore à deux souches fortes, en opérant par *permutation*.

Voici maintenant les différentes manières d'opérer. Nous supposerons toujours que l'apiculteur possède une ou plusieurs ruches à rayons fixes et qu'il veut s'en servir pour peupler des ruches à cadres.

Essaimage artificiel simple. — C'est le procédé à employer lorsqu'on ne possède qu'une seule ruche à rayons fixes. On devra, par le tapotement extraire de la ruche à rayons fixes les trois quarts au moins des abeilles qui s'y trouvent, y compris la reine; jeter l'essaim ainsi formé dans la ruche à cadres placée à une certaine distance avec quelques cires gaufrées, et remettre immédiatement la souche opérée à l'endroit qu'elle occupait. Cette dernière se repeuplera par l'éclosion de son couvain et les butineuses de retour des champs; en même temps elle se refera une reine.

La reine monte généralement avec l'essaim formé; on comprend que si elle ne s'y trouvait pas l'opération serait manquée et il faudrait recommencer le lendemain après avoir secoué les abeilles dans la souche pour remettre les choses en l'état primitif.

L'opération doit se faire un peu avant la saison des essaims naturels, par une belle journée alors que les abeilles sont très actives.

Quatorze jours après l'essaimage la souche, qui était orpheline, aura des reines prêtes à éclore et l'on pourra craindre d'en voir sortir un essaim secondaire; cette nouvelle division l'affaiblirait énormément et pourrait causer sa ruine; l'essaim pendant ce temps est devenu très faible. On permute alors les deux colonies, c'est-à-dire qu'on met l'une à la place de l'autre ; de cette manière on empêche la souche de jeter un essaim secondaire et l'essaim artificiel se fortifie en recevant les butineuses de la souche.

Le procédé que je viens d'indiquer donne souvent de bons résultats, lorsque l'année est favorable et la ruche forte ; mais la première année les deux colonies restent parfois très faibles et n'arrivent pas toujours à récolter leurs provisions d'hiver, on se trouve alors dans l'obligation de les nourrir artificiellement, comme il est indiqué plus loin.

Le procédé suivant, qui nécessite l'emploi de deux ruches est bien meilleur.

Essaimage artificiel par permutation. — On choisit, par une journée de forte miellée et pendant les heures où les abeilles sortent très activement, deux ruches vulgaires *très populeuses* ; je désigne ces ruches par A et B. L'une d'elles, A par exemple, est tapotée à fond, c'est-à-dire qu'on en extrait, autant que possible, toutes les abeilles avec la reine ; l'essaim ainsi formé est jeté dans la ruche à cadres préalablement garnie d'un certain nombre de cires gaufrées et placée à l'endroit qu'occupait la ruche A. Pour cette ruche à cadres qui contient maintenant une colonie complète, le travail est terminé, elle marchera seule. Reste à s'occuper des paniers A et B.

Le panier B, auquel on n'a pas encore touché, est enfumé et placé n'importe où, assez loin de l'endroit qu'il occupait, et le panier A mis à sa place. Que va-t-il se passer ?

HISTOIRE DE LA RUCHE *A*. — Cette ruche, ne contenant pour ainsi dire plus d'abeilles, mais du miel et un couvain abondant, reçoit toutes les mouches de la ruche B qui reviennent des champs et se préparent à faire une reine. Au bout de vingt-sept jours au maximun, la jeune mère recommence à pondre, et l'essaim est de nouveau complet ; mais, pendant ces vingt-sept jours, tout le couvain de la ruche est éclos et, si après ce laps de temps nous tapotons de nouveau à fond, nous reformons un nouvel essaim que nous jetterons dans une deuxième ruche à cadres comme le premier.

Le panier A ne contient plus alors que du miel, qui sera récolté. Nous n'aurons rien perdu, ni couvain, ni miel, ni abeilles.

HISTOIRE DE LA RUCHE *B*. — Elle perd toutes ses butineuses au profit de la ruche A, met ses mâles dehors et les abeilles occupées à couvrir le couvain ne sortent presque plus pendant 4 ou 5 jours. Mais la reine continue à pondre, la colonie redevient forte, et si l'opération a été faite par une journée propice, 10 jours environ avant la grande récolte, les provisions seront largement suffisantes pour l'hivernage. Si cette ruche redevient rapidement populeuse et si l'on se trouve dans un pays à miellées tardives (sarrasin, bruyère) on peut recommencer l'opération avec cette même ruche B et une autre C également forte.

OBSERVATIONS. — Il est rare que le panier A essaime dans les 27 jours qui suivent le premier tapotement. Si par extraordinaire le fait se produit, on ramasse l'essaim dans un panier et on le descend à la cave

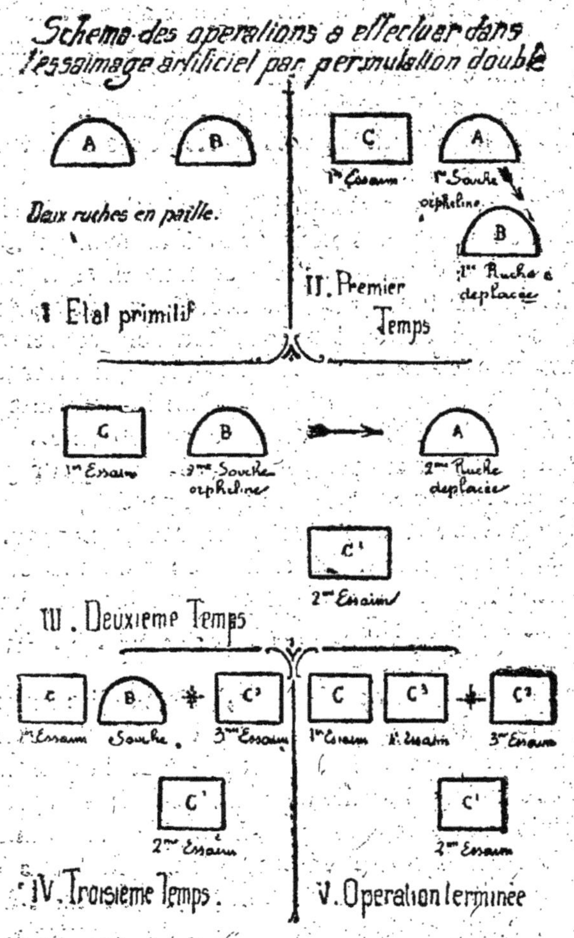

Schéma des opérations à effectuer dans
l'essaimage artificiel par permutation double
A
B
Deux ruches en paille.
1 État primitif
C
1er Essaim
A
1re Souche
orpheline
B
1re Ruche à
déplacer
II. Premier Temps
C
1er Essaim
B
2me Souche
orpheline
A
2me Ruche
déplacée
C'
2me Essaim
III. Deuxième Temps
C
1er Essaim
B
Souche
C³
3me Essaim
C
1er Essaim
C³
2me Essaim
C²
3me Essaim
C'
2me Essaim
C'
2me Essaim
IV. Troisième Temps
V. Opération terminée

Fig. 32.

emballé, 48 heures après on le rend à la souche dont il sort ; il ne repartira pas. Le lendemain ou le surlendemain on opérera comme s'il n'était pas sorti d'essaim, c'est-à-dire qu'on fera un tapotement pour peupler une ruche à cadres, si on le désire.

La ruche B épuisée par la perte de ses butineuses n'essaimera pas.

En résumé, par ces quelques opérations très simples non seulement nous évitons la manipulation désagréable des rayons plein de couvain et de miel, mais encore nous peuplons avec deux paniers vulgaires deux ruches à cadres, tout en conservant toute une colonie sur rayons fixes qui hivernera très bien et nous permettra l'année suivante de continuer la transformation de notre rucher.

On peut aller encore plus rapidement pour peupler son rucher et opérer en employant l'

ESSAIMAGE ARTIFICIEL PAR PERMUTATION DOUBLE. — On a, je suppose, deux ruches en paille, A et B, contenant chacune une forte population, et quatre ruches à cadres que l'on se propose de peupler, C, C¹, C², C³ (fig. 32).

La ruche A est tapotée à fond, c'est-à-dire jusqu'à ce que toutes les abeilles, ou à peu près, soient sorties ; on verse l'essaim formé dans la première ruche à cadres C garnie de quelques cadres avec cire gaufrée ; la ruche C est mise à la place de A, la ruche B est transportée en un point quelconque du rucher sans autre opération, et la ruche A mise à sa place. La disposition est alors celle de la figure 2.

Ce premier temps doit se faire par une belle journée pendant laquelle les abeilles sont très actives et envoient beaucoup de butineuses au dehors et environ une semaine avant le plein de la grande miellée, c'est-à-dire quand les premiers boutons de la fleur principale apparaissent.

La ruche C se développera normalement et, si l'année est quelque peu favorable, récoltera plus que ses provisions d'hiver ; A se refait une population par les butineuses de B qui rentrent des champs, le couvain qui s'y trouve éclôt tous les jours et elle se refait une reine ; B perd toutes ses butineuses, mais la ponte y continue et aussi l'éclosion du couvain, de sorte que la population y redevient presque aussi forte qu'avant.

Onze jours après, la reine de A est près de naître ; on tapote alors à fond la ruche déplacée B, on jette l'essaim dans la deuxième ruche à cadres C¹ qui prend la place de B, B est mise à la place de A et reçoit ses butineuses, A est déplacée et transportée ailleurs. La disposition est alors celle de la figure 32, n° III.

Les choses se passeront comme il a été dit plus haut, l'essaim, mis dans C¹, arrive encore à temps dans la miellée pour amasser ses provisions d'hiver.

Quant aux deux souches A et B, leur population est encore moyenne ; nous opérerons sur elles comme suit : Vingt et un jours après *la première opération*, nous sommes certains que la ruche A n'a plus une seule cellule avec du couvain, puisque les œufs d'ouvrières ne mettent que ce temps pour se transformer en insectes parfaits et que, d'autre part, la jeune reine qu'elle s'est refaite n'a pas encore commencé à pondre. Tapotons encore cette ruche, le vingt et unième jour, pour en extraire toutes les abeilles, et jetons l'essaim dans la troisième ruche à cadres C² qui est mise à sa place. Nous emportons A dans le laboratoire ; sa carrière est terminée, elle ne contient plus que des rayons avec du miel que nous récoltons.

Le rucher présente l'aspect du n° IV.

21 jours après la deuxième opération B est vidée à son tour et l'essaim mis dans la quatrième ruche à cadrés C³.

Si la contrée n'a pas de seconde miellée favorable vers la fin de l'été, il est certain que les deux derniers essaims C² et C³ ne récolteront pas leurs provisions d'hiver, parce qu'ils arrivent trop tard. Ces provisions seront faites avec le miel en rayons sorti de A et de B, et ce miel peut être suffisant, puisque ces deux ruches continuent à travailler malgré les manipulations qu'elles subissent ; dans le cas contraire, il sera indispensable de donner du sirop en automne.

On comprend que des opérations de cette nature demandent, pour réussir, des colonies A et B primitivement très fortes et des régions assez mellifères. Il ne faut pas non plus espérer avoir pour soi beaucoup de miel de surplus à récolter, on aura seulement augmenté son rucher.

Transport d'un rucher éloigné par l'essaimage artificiel. — Il peut arriver que l'on achète des colonies en paniers dans un lieu très éloigné de sa résidence ; dans ce cas, surtout si la saison est avancée, on peut craindre que le transport de ces paniers garnis de couvain et de miel ne soit difficile ; on a, en effet, de grandes chances de voir les rayons s'effondrer et la colonie périr.

On peut alors opérer de la manière suivante :

Sur place, tous les paniers sont tapotés à fond de manière à extraire toutes les abeilles qui s'y trouvent, ainsi que la mère ; l'essaim artificiel ainsi formé est immédiatement emballé, en entourant d'une toile la ruche qui le contient ; mieux encore, on versera l'essaim dans une ruchette à cinq ou six cadres, simplement amorcés, sans miel, et la ruchette sera fermée de suite après la rentrée des abeilles, rentrée que l'on hâte par un peu de fumée. Le couvercle de la ruchette est remplacé par une toile métallique pour l'aération. Ces ruchettes ou ces paniers ne renfermant que des abeilles, sans miel ni constructions, peuvent s'expédier ou se transporter au loin sans crainte d'effondrement ; on n'est même pas obligé de s'inquiéter de leur alimentation, les abeilles enfumées et essaimées ainsi se gorgent toujours de miel avant de quitter leur domicile ; elles emportent des provisions pour deux ou trois jours.

Aussitôt après le tapotement, les souches sont remises à leurs places respectives et se refont une population par leurs propres butineuses qui reviennent des champs. Leur population s'accroît même de jour en jour par l'éclosion incessante du couvain, en même temps elles se refont une reine.

Douze à quinze jours après, la nouvelle reine éclôt et, dans les quelques jours qui suivent ces dates, il convient de faire surveiller les souches qui pourraient donner des essaims secondaires pour les recueillir. Le vingt et unième jour après l'essaimage artificiel, tout le couvain des souches est éclos, et à ce moment on en extrait de nouveau toutes les abeilles par tapotement pour former un nouvel essaim. Mais cette fois la suite est un peu différente de ce qui a été dit plus haut : la souche que l'on vient de tapoter ne contient plus que du miel, on la transporte dans un lieu clos pour la récolter ; l'essaim est mis à la place de cette souche, toutes les butineuses en course au moment de l'opération viennent grossir sa population et, le soir ou de grand matin, on les emporte comme on a fait des premières.

Il va sans dire que ces essaims ne doivent s'extraire que par de belles journées de miellée, pendant lesquelles les abeilles sortent en grand nombre, sans cela les souches tapotées n'arrivent pas à se refaire une population, le couvain qui s'y trouve contenu périt et l'opération est manquée.

L'essaimage artificiel permet non seulement de peupler son rucher, mais c'est encore un excellent moyen de l'accroître par la multiplication des colonies ; nous allons voir comment on peut y parvenir :

Plusieurs cas peuvent se présenter, et pour simplifier les explications qui vont suivre, nous supposerons que nous opérons sur des ruches à cadres, ce qui est le cas pour un apiculteur dont le rucher a deux ou trois ans. Le principe de l'opération est du reste tout à fait le même quand il s'agit de ruches en paille à rayons fixes.

Premier cas. — *L'apiculteur ne possède qu'une seule ruche à cadres peuplée* et une autre vide qu'il veut garnir d'une colonie. Placer dans la ruche vide cinq ou six cadres garnis de feuilles de cire gaufrée entières, en laissant un vide suffisant pour introduire au milieu d'eux, et l'un à côté de l'autre, cinq ou six autres cadres. Cela fait, découvrir la ruche peuplée, l'enfumer, lui enlever la moitié de ses cadres de couvain et les placer, *couverts d'abeilles*, dans l'espace laissé libre de la ruche vide; en face du trou de vol de chaque côté de ce couvain, mettre un cadre contenant du miel, puis la cire gaufrée. Fermer les ruches; l'opération sera terminée par le transport de la ruche mère à un autre endroit quelconque du rucher; l'essaim artificiel prendra sa place et se trouvera ainsi renforcé par les butineuses qui reviendront des champs. Il est bien évident que les cadres enlevés à la ruche mère doivent être remplacés par d'autres bâtisses vides ou des cires gaufrées. Il est inutile de chercher la mère, ce serait trop long, mais il faut avoir soin de laisser dans chacune des deux ruches un cadre contenant des œufs; de cette manière, celle des deux ruches qui sera orpheline aura la possibilité de se refaire une nouvelle reine, conformément au principe, démontré par Schirach.

Pour réussir les essaims artificiels, par quelque méthode que l'on opère, il est indispensable de choisir une belle journée de miellée pendant laquelle les abeilles sont très actives, de préférence le matin et pas après trois heures du soir.

Ce procédé réussit bien; mais il est de beaucoup préférable, lorsqu'on possède deux ruches peuplées, d'employer le suivant qui affaiblit moins la souche, donne des essaims plus forts et, par suite, des récoltes plus abondantes.

Deuxième cas. — L'apiculteur possède deux *ruches à cadres peuplées* et une troisième vide qu'il veut garnir d'une colonie. Appelons R la ruche vide, A et B les deux ruches peuplées.

(Il est important de faire les opérations dans l'ordre indiqué.)

Mettre dans la ruche vide, R, cinq ou six cadres garnis de cire gaufrée et la transporter à côté de la ruche B. Ouvrir ensuite la ruche A, l'enfumer, enlever tous les cadres de couvain qu'elle contient, moins un, et deux rayons de miel ; faire tomber à l'aide de la brosse toutes les abeilles qui sont dessus dans cette même ruche A, y remplacer les cadres enlevés par des bâtisses vides, fermer la ruche A. Placer dans la ruche R les cadres de couvain l'un à côté de l'autre, avec un rayon de miel de chaque côté du nid ainsi formé, puis les cires gaufrées. Transporter la ruche B en un point quelconque du rucher et mettre la ruche R à sa place. L'opération est terminée ; voyons ce qui va se passer.

Les ruches A et B ont leurs mères continuant à pondre ; elles auront seulement été affaiblies, mais continueront à bien aller, puisqu'elles étaient fortes. La ruche R a du couvain, un de ces cadres de couvain doit contenir des œufs ; elle a aussi un peu de miel ; comme population elle recevra les nombreuses butineuses de B, qui étaient aux champs au moment de l'opération, faite pendant une journée où les abeilles sont très actives ; celles-ci se hâteront de refaire une reine.

On comprend combien il est important d'opérer le matin, ou en tous les cas avant trois heures du soir, pour que R se refasse dans le cours de la journée une population assez forte. On fait ainsi trois colonies avec deux.

Troisième cas. — *L'apiculteur veut augmenter plus vite son rucher* et doubler le nombre de ses colonies. Dans ce cas, il faut faire le sacrifice presque complet de la récolte et la méthode n'est même recommandable que dans les pays où la miellée se prolonge pendant très longtemps. Dans les pays à miellée courte, on courrait le risque de voir les ruches ne pas amasser les provisions d'hiver.

On opère d'abord comme il est dit dans le deuxième cas pour obtenir un premier essaim avec A et B. Quatorze jours après nous opérons sur B comme nous avions fait sur A, c'est-à-dire que nous lui enlevons presque tout son couvain et un peu de miel ; la deuxième ruche vide, munie du couvain et du miel, est mise à la place de R (qui dans l'intervalle a eu le temps de se refaire une reine), et cette dernière est transportée sur un autre point du rucher.

On a obtenu ainsi deux essaims nouveaux avec deux ruches et l'on a par suite doublé le nombre de ses colonies. Mais, je le répète, cette dernière méthode est dangereuse et ne doit être employée que dans les régions à miellée exceptionnelle et prolongée.

Il est très important pour réussir les essaims artificiels de les faire au moment propice; l'époque favorable est celle où les fleurs de la plante mellifère principale vont commencer à paraître, c'est-à-dire une dizaine de jours avant la grande miellée.

CHAPITRE V

Conduite du Rucher

Conduire un rucher c'est lui donner les soins nécessaires pendant les différentes périodes de l'année. Les travaux à effectuer sur les ruches varient suivant que l'on a affaire à des ruches horizontales ou à des ruches à hausses; il y a cependant des règles générales qui s'appliquent à tous les systèmes.

1° TRAVAUX DE PRINTEMPS. — Ils sont les mêmes pour toutes les ruches et consistent en une visite attentive de la colonie. Pour cela la ruche est enfumée, puis ouverte, si c'est une ruche à cadres et les rayons examinés les uns après les autres, retournée si c'est une ruche fixe et les rayons écartés avec précaution de manière à les apercevoir aussi profondément que possible.

Lorsque l'hivernage a été bien fait et que les provisions laissées en automne sont largement suffisantes, l'apiculteur n'a aucun avantage à visiter ses colonies de trop bonne heure au printemps. Les inconvénients des visites précoces sont multiples ; je signalerai ici les deux principaux : la colonie, mise en moi, élève par son agitation la température du nid, consomme plus de miel et la reine étend sa ponte sur un grand nombre de rayons ; si, à ce moment, il survient des retours de froid, les abeilles, obligées de resserrer leur groupe, abandonnent le couvain qui périt. Mais, chose plus grave encore, certaines colonies arrachées brusquement à leur repos hivernal tuent leur reine et se rendent elles-mêmes orphelines.

Ie ne visite jamais mes ruches avant le 15 avril, j'attends même quelquefois le 1" mai, lorsque la première quinzaine d'avril n'a pas été belle.

On peut poser en principe que l'on ne doit effectuer la première visite du printemps que lorsque les abeilles sont déjà sorties activement pendant une dizaine de jours en rapportant du pollen.

A quelle heure du jour doit-on visiter les ruches et comment faut-il s'y prendre ?

Un apiculteur habile pourvu d'un bon enfumoir pourra, en cas de nécessité, visiter une ruche à une heure quelconque, même par la pluie. Tous les praticiens savent cependant que, par les temps orageux, les abeilles sont beaucoup plus irascibles et plus difficiles à manipuler que par les belles journées de soleil. Quelques auteurs, considérant que les mouches les plus disposées à piquer sont les vieilles butineuses, conseillent de procéder à la visite à l'heure à laquelle celles-ci sont le plus occupées à la récolte, c'est-à-dire vers le milieu du jour. Je me

suis plusieurs fois mal trouvé d'opérer à ce moment-
là ; le pillage s'établit en effet facilement lorsque
plusieurs ruches sont successivement découvertes
aux heures où les abeilles sont très actives, à cause
de la forte odeur de miel et de cire qui se répand
dans tout le rucher.

La colonie pillée (celle que l'on visite) s'irrite, se
défend, et bientôt les coups d'aiguillon font sentir à
l'apiculteur que l'instant n'est pas propice. Lorsque
tout se borne à quelques piqûres, le mal n'est pas
grand, mais l'effervescence gagne parfois tout le
rucher, le pillage s'étend à toutes les colonies et se
prolonge jusqu'à la nuit.

Je préfère commencer mes visites vers quatre
heures du soir, lorsque le va-et-vient des butineuses
commence à se calmer. Dans ces conditions, on est
rarement piqué, et si un peu de pillage vient à se
produire, il ne s'étend pas et cesse rapidement avec
la disparition du soleil.

Pour visiter une ruche à cadres rapidement et facilement il faudra se rappeler les principes suivants :
1° Ne jamais enfumer par le trou de vol, ce qui a
l'inconvénient de déranger à la fois toute la colonie
et de faire remonter les abeilles au haut des rayons ;
il faut au contraire enfumer par la partie supérieure
des cadres, au fur et à mesure qu'on les découvre.
2° Ne découvrir qu'un petit nombre de cadres à la
fois, de manière à n'avoir affaire successivement qu'à
un nombre restreint d'abeilles ; si l'on découvrait
tout d'un coup les cadres d'une forte colonie, il
deviendrait extrêmement difficile de la maîtriser.
3° Ne déplacer un cadre qu'après l'avoir fortement

enfumé sur les deux faces ; on reconnaît que les abeilles se laisseront manipuler facilement lorsqu'après l'enfumage elles font entendre un fort bruissement. 4° Opérer toujours avec des mouvements doux et mesurés ; il faut éviter de froisser les abeilles en frottant les cadres qui en sont couverts les uns contre les autres ; on y parviendra en ne déplaçant un rayon qu'après avoir, au préalable, écarté suffisamment les précédents.

Vignole a dit : « Toute opération, quelle qu'elle soit, cause toujours dans la ruche une perturbation qui ralentit momentanément son activité. » Rien n'est plus vrai, et pour obtenir des abeilles le maximum de produit, il est indispensable de les déranger le moins possible. Je visite mes ruches deux fois par an : une première fois au printemps, en ajoutant de suite et d'un seul coup le nombre de cadres nécessaire pour remplir la ruche ; une deuxième fois à la fin de la saison, en faisant en même temps la récolte et la mise en hivernage.

Pour opérer d'une manière aussi simple, il est indispensable de savoir se rendre compte d'un seul coup d'œil, lors de la visite du printemps, si la ruche sera bonne ou mauvaise pendant toute l'année. On y parvient par l'examen attentif du couvain.

Les cas suivants peuvent se présenter :

1° Le couvain d'ouvrières se présente en plaques compactes généralement de forme circulaire ; dans ce cas, la reine est bonne pondeuse et la colonie marchera normalement sans qu'il y ait lieu de s'en occuper.

2° Le couvain est éparpillé. La reine est mauvaise pondeuse; le plus souvent, les ouvrières la remplaceront sans que l'apiculteur ait à intervenir; quelquefois la colonie devient orpheline. En tous les cas, une semblable ruche doit être visitée de nouveau trois semaines ou un mois après pour voir si les choses sont remises en état. Si la colonie est orpheline, on la traitera comme il est dit plus loin.

3° On ne trouve que du couvain de mâles dans *toutes les cellules*; ce couvain est reconnaissable, parce que les opercules qui le recouvrent sont bombées et de nuance plus claire que celles du couvain d'ouvrières. Une colonie présentant ce caractère ne vaut plus rien; les abeilles sont brossées sur un plateau exposé au soleil, elles iront se réfugier dans les ruches voisines; la ruche est enlevée et les rayons mis de côté pour servir ultérieurement.

4° Il n'y a pas de couvain du tout. Cela peut provenir de deux causes: *A*. La reine n'a pas encore commencé à pondre; on visitera la ruche 15 jours après. *B*. Si à cette seconde visite il y a un bon couvain, tout va bien et nous retombons dans le premier cas; si le couvain est toujours absent cela veut dire que la ruche est orpheline. En présence de cette ruche orpheline l'apiculteur peut opérer de deux manières: *I*. Si la population est faible et possède peu de miel, il faut la supprimer comme il a été dit pour le cas n° 3; *II*. Si la population est forte et bien pourvue de provisions on lui fournira une reine par introduction directe ou un cadre pris dans une ruche voisine et contenant du couvain de tout âge (c'est-à-dire des œufs, des larves et des nymphes) avec lequel les abeilles se referont une nouvelle reine.

Les colonies supprimées seront remplacées par des essaims artificiels obtenus par la méthode que j'ai indiquée. Lorsque l'on sera certain de ne posséder que de bonnes colonies, il sera tout à fait superflu de les ouvrir dans le cours de la saison, sauf pour placer les hausses, s'il y a lieu. Un coup d'œil jeté sur les trous de vol fera connaître de suite l'état de prospérité de la famille; quand par une belle journée cette ouverture donnera passage à de nombreuses ouvrières très actives, on peut être certain que la colonie est prospère; dans quelques rares familles le mouvement se ralentira peut-être, les mouches ne se presseront plus à la porte, elles sembleront inactives et moins nombreuses, un fait insolite se sera sans doute produit et une visite rapide sera nécessaire; on l'effectuera en tenant compte des principes posés plus haut et en particulier du n° 4. L'absence du couvain pouvant indiquer une ruche orpheline ou une ruche en train de se refaire une reine, il faudra la visiter de nouveau 15 jours ou 3 semaines après.

Après avoir opéré de cette manière, le corps des ruches à hausses et les ruches horizontales en bon état renferment tous les cadres qu'il est possible d'y placer. Au sujet des ruches horizontales, il y a ici une observation intéressante à faire au sujet de la manière de placer les cadres au printemps; dans le modèle décrit il y a deux trous de vol dont un seul doit rester ouvert. Tout contre la paroi, du côté de cette ouverture on placera deux rayons bâtis en cel-

lules d'ouvrières et contenant un peu de miel en
en haut, à la suite et dans l'ordre qu'ils occupaient,
tous les rayons de couvain, tous possèdent un peu
de miel au sommet; puis un certain nombre de
rayons bâtis en cellules d'ouvrières, mais vides ou
contenant très peu de miel, comme les deux premiers, en telle quantité que le nombre total soit de
12. Le treizième cadre et tous les *impairs* suivants
seront complètement bâtis et, si possible, renferme-
ront un peu de miel; ils alterneront avec les cadres
pairs ne contenant aucune construction, mais simplement amorcés par des bandes étroites de cire gaufrée
ou de vieux rayons fixés par de la colle forte à la traverse supérieure. Il résulte du dispositif adopté que
les abeilles auront la possibilité de fabriquer de la cire
quand elles voudront et dans les conditions qu'elles
jugeront les plus favorables, sans perte de miel pour
l'apiculteur; les rayons obtenus seront toujours
réguliers parce que la construction sera guidée par
les bâtisses placées de chaque côté; les ouvrières
seront attirées de suite dans cette partie de la ruche
par le miel qui y sera laissé. La reine ne manquera
jamais de place pour la ponte, ni les ouvrières pour
emmagasiner le miel, grâce au treize premiers rayons
entièrement prêts et qui ne seront jamais remplis
avant que la construction des autres soit assez
avancée.

Si, par suite de l'existence d'un seul trou de vol,
le nid à couvain se trouvait placé au milieu, le principe resterait le même, les rayons bâtis et vides se
trouvant disposés, par moitié à droite et à gauche

du nid, et ensuite les cadres amorcés alternant avec des bâtisses entière.

On remarquera que normalement les rayons de couvain se trouvent toujours placés en face du trou de vol, la reine commençant toujours à pondre en cet endroit qui est le plus aéré, à moins qu'une circonstance particulière ne l'en empêche.

2° TRAVAUX D'ÉTÉ. — Pour les *ruches horizontales*, il n'y a rien à faire de plus que ce que nous venons d'indiquer jusqu'au moment où on les récolte.

RUCHES VERTICALES OU A HAUSSES. — Les travaux d'été consistent dans la pose, au moment propice des hausses servant à recevoir la récolte de miel. Il est très favorable que les cadres des hausses soient entièrement garnis de cire gaufrée ou mieux encore de bâtisses entièrement terminées, car les hausses ne devant être placées que peu de jours avant la grande miellée, il ne faut pas que les abeilles se trouvent arrêtées par l'obligation de construire à ce moment. C'est même là un inconvénient des hausses à rayons fixes où les barettes porte-rayons peuvent être seulement amorcées.

La première hausse doit être placée quelques jours avant la grande miellée; cette condition implique de la part de l'apiculteur une grande habileté et une connaissance parfaite de la région qu'il habite. On ne doit, en outre, placer de hausses que sur les colonies qui garnissent presque entièrement les cadres du corps de ruche; comme toutes les colonies ne se développent pas de la même façon, on comprend qu'il faille une surveillance incessante, toutes les hausses ne pouvant évidemment pas se placer en même temps; certaines colonies faibles ne se développent même pas assez tôt pour profiter de la grande miellée. Si on place les hausses trop tôt, ou s'il survient des retours de froid, les abeilles sont obligées de resserrer leur groupe et de dépenser beaucoup de miel pour maintenir la température voulue dans la ruche dont la capacité a été brusquement augmentée; elles n'y arrivent pas toujours et le couvain peut périr. Si on place les hausses trop tard, on ne profite pas de toute la miellée et la colonie trop à l'étroit essaime.

On doit placer une deuxième hausse lorsque la première est au 2/3 pleine; ce moment n'arrive pas non plus en même temps pour toutes les ruches; il faut être toujours là pour saisir l'instant favorable. La première hausse devra être placée de manière que ses barettes ou ses cadres soient perpendiculaires à ceux du corps de ruche; on placera la deuxième hausse non pas sur la première, mais entre la première et le corps de ruche, et toujours de manière à croiser les rayons; les abeilles travaillent ainsi plus activement. Cependant si la première hausse contenait du couvain, ce dont il faut toujours s'assurer, la seconde hausse doit être mise sur la première et non dessous, pour ne pas couper en deux le nid à couvain.

Dans les années et les régions très favorables deux hausses ne suffisent pas toujours, quel que soit le nombre des hausses à placer, la nouvelle doit toujours se placer directement sur le corps de ruche et en dessous de toutes les autres. On arrive par ces différents travaux au moment de la récolte.

RUCHES VULGAIRES. — Les ruches vulgaires sont

généralement trop petites, on les agrandit quelquefois en leur superposant une calotte ou même une petite hausse, avec les précautions que nous venons d'indiquer; on les agrandira mieux encore en les donnant comme hausse à un corps de ruche dont j'ai indiqué la construction plus haut en décrivant la *ruche à rayons fixes améliorée*.

Essaims. — Ces ruches, de même que les ruches à hausses essaiment souvent; on devra, pendant le cours de la belle saison surveiller la sortie des essaims naturels pour les recueillir. Si la ruche qui a donné l'essaim (on l'appelle la *souche*) est forte et que la saison soit assez peu avancée pour que cet essaim ait des chances de récolter ses provisions d'hiver on le mettra dans une ruche séparée si l'on se propose d'augmenter son rucher; dans le cas contraire, et si l'essaim est tardif, on devra le rendre immédiatement à la souche dont il provient; les essaims secondaires seront toujours rendus. Pour cela découvrez la souche, si c'est une ruche à cadres, ou retournez-la, si c'est une ruche fixe, et secouez l'essaim sur les rayons, avec un peu de fumée les abeilles rentrent rapidement entre les gâteaux. Mais il est possible qu'à la suite de cette réunion la souche essaime de nouveau; pour l'éviter, permutez-la avec une autre ruche dont la population est faible, les deux populations s'égaliseront et aucune n'essaimera. Dans ces permutations il est important, pour éviter les batailles, d'opérer pendant une belle journée, de préférence le matin, de ne permuter que les ruches et jamais les plateaux, d'enfumer assez fortement avant et après l'opération.

3° Récolte. — C'est en automne, dans le courant du mois de septembre que je fais ma récolte et en même temps la mise des colonies en hivernage. Cependant, avec les ruches à cadres ou à hausses, on peut faire la récolte en plusieurs fois pour extraire séparément le miel de printemps, qui est généralement plus blanc et plus beau, et le miel d'automne plus foncé et moins fin.

Nous allons examiner rapidement les différentes manières de procéder suivant les systèmes de ruches auxquels on a affaire.

1° Ruches vulgaires. — Les ruches vulgaires, formées d'un simple dôme en paille tressée, sont de toutes les plus difficiles et les plus longues à récolter. Un usage, encore trop répandu dans les campagnes, consiste à enfumer les abeilles à l'aide de feux de paille humide ou encore avec la mèche soufrée jusqu'à complète asphyxie. Je n'ai pas à méconseiller ici ce procédé, je me plais à croire qu'aucun de mes lecteurs n'aura la pensée d'employer un pareil moyen.

Voici comment il faudra s'y prendre pour faire le travail le plus commodément possible, tout en évitant le pillage :

La ruche à récolter est enfumée, retournée et transvasée par la méthode du tapotement, méthode exposée tout au long dans un précédent chapitre. L'opération a lieu en plein air, à quelques pas de l'emplacement de la ruche ; aussitôt que toutes les abeilles ont passé, on met la ruche qui les contient maintenant à la place qu'occupait la première ; celle-ci est emportée rapidement dans une chambre absolument close. A l'aide d'un couteau à lame courbe, on coupe les rayons de miel que l'on veut enlever, en ayant bien soin de respecter le couvain, toujours placé au centre, et de laisser 8 kil. de matière sucrée au moins pour les provisions d'hiver. La ruche est immédiatement reportée à son ancienne place, et devant son entrée on dispose une planchette sur laquelle on secoue le panier qui avait momentanément reçu la colonie; nos butineuses regagneront pédestrement leur domicile.

Il faudra prendre garde en découpant les rayons de blesser le moins d'abeilles possible et surtout de ne pas endommager la reine au cas où elle serait restée; pour cela diriger de temps en temps un jet de fumée sur le trajet de la lame.

2° RUCHES A CALOTTE. — Dans les ruches à calotte, le corps de ruche a la forme d'un tronc de cône dont la petite base est percée d'un orifice; sur cette petite base on place un dôme de paille ou *calotte* destiné à recevoir le surplus de la récolte.

La calotte sera décollée à l'aide d'un levier quelconque, enfumée pour en chasser les abeilles et placée par terre, soulevée par une petite cale à 1 ou 2 mètres en face de la ruche dont elle provient. Le trou supérieur du corps de ruche sera clos avec une planchette chargée d'une pierre. Au bout de peu de temps, les abeilles restées dans la calotte l'abandonnent pour retourner dans la ruche mère; si cela n'avait pas eu lieu au bout de 15 à 20 minutes (chose rare) c'est que la reine serait restée; il faudrait l'extraire par tapotement et la rendre de suite à sa colonie en la plaçant devant le trou de vol.

Les calottes sont rentrées aussitôt dans un local clos pour éviter le pillage. Deux personnes peuvent ainsi récolter 20 ruches à l'heure.

3° Ruches a hausses. — Après avo'r découvert la ruche on enfume fortement par le haut pour chasser les abeilles autant que possible; on décolle les hausses après s'être assuré qu'elles ne renferment pas de couvain et on les emporte dans un local clos et éclairé par une seule fenêtre; ces hausses sont posées sur des petites cales et recouvertes d'un linge; les abeilles éloignées de leur ruche ne tardent pas à les quitter en volant vers la fenêtre que l'on ouvre de temps en temps pour les faire sortir. Les hausses que les abeilles refusent d'abandonner renferment probablement la reine, on doit les visiter avec soin. Toute hausse renfermant du couvain doit être laissée en place sur la ruche jusqu'après l'éclosion de ce couvain. Les rayons débarrassés des abeilles sont ensuites retirés des hausses et le miel est extrait comme nous le dirons plus loin. L'apiculteur ne doit jamais prendre de miel dans le corps de ruche; le contenu des hausses seul représente sa part, le reste est indispensable pour la nourriture des abeilles et ce reste n'est pas toujours suffisant.

4° Ruches horizontales. — On se munira d'abord d'une caisse hermétiquement close pourvue de poignées ou placée sur une brouette. La ruche, découverte est enfumée par le haut; les rayons, contenant du miel operculé, sont sortis et placés immédiatement dans la caisse fermée après qu'on les aura débarrassés à l'aide d'une brosse à longs poils des mouches qui s'y trouvent encore. On passe ainsi d'une ruche à l'autre jusqu'à ce que la caisse soit pleine. L'opération est donc ici simplifiée au maximum.

5° EXTRACTION DU MIEL. — On peut vendre le

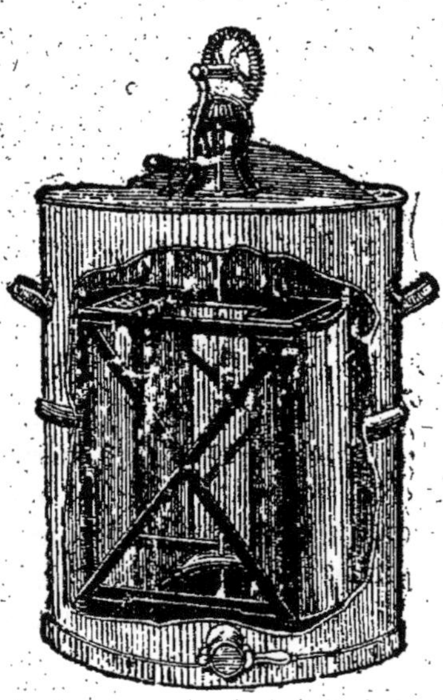

Fig. 33. — Melo-extracteur centrifuge.

miel en *rayons*, ce qui n'est pas avantageux avec les ruches à cadres, auxquelles on est alors obligé de fournir tous les ans des bâtisses nouvelles, *ou sous* forme de *miel coulé*.

Pour séparer le miel d'avec la cire, on opère de la façon suivante :

A. RUCHÉS A RAYONS FIXES. — Avec quelques lattes, l'apiculteur fabriquera un tronc de pyramide dont la petite base et les quatre faces seront tendues de toile métallique galvanisée, à mailles fines, semblable à celle dont on se sert pour les garde-manger. Cet appareil bien simple sera suspendu dans un

Fig. 34. — Couteau à désoperculer Bingham.

récipient assez haut; on y jettera les rayons brisés en menus fragments; le haut, recouvert d'une vitre, sera placé au soleil, en ayant bien soin de ne laisser aucune ouverture permettant aux abeilles de s'y introduire. Au bout de peu de temps et sous l'influence de la chaleur, le miel s'écoule dans le vase,

Fig. 35. — Couteau à désoperculer Joly, à 2 mains.

et la cire reste seule sur le tamis. On peut opérer aussi dans une chambre bien chaude.

B. RUCHES A CADRES. — Tout le monde sait qu'une éponge mouillée, suspendue à une ficelle et animée d'un rapide mouvement de rotation, ne tarde pas à laisser échapper l'eau qu'elle contient. C'est sur ce principe qu'est fondé le *mélo-extracteur* (fig. 33) à force centrifuge, appareil indispensable à l'apiculture mobiliste. Il se compose essentiellement d'une cage à quatre faces tendues de toile métallique. Cette cage peut, par l'intermédiaire d'une manivelle et d'engrenages, être animée d'un rapide mouvement de rotation dans l'intérieur d'un cylindre de fer-blanc, muni à sa partie inférieure d'un robinet. A l'aide d'un couteau à lame large et biseautée en dessous (couteau à désoperculer de Bingham) (fig. 34), on désoper-

Fig. 36. — Chevalet à désoperculer.

cule le cadre, c'est-à-dire que l'on enlève les couvercles de cire qui ferment les alvéoles. Il faut à peine deux minutes pour désoperculer des deux côtés un rayon de 12 décimètres. Les cadres sont placés dans l'appareil qui est mis en mouvement. Après quelques tours, le miel est extrait des alvéoles sous l'influence de la force centrifuge. Le premier côté du rayon vidé, on opère de même pour le second, et la bâtisse de cire peut ainsi servir indéfiniment, à condition que la cire gaufrée ait été solidement fixée

PURIFICATION ET VENTE DU MIEL. — Le miel obtenu par l'un ou l'autre des procédés que je viens d'indiquer, contient toujours dès impuretés : débris de cire ou de pollen, etc. Pour le rendre parfaitement limpide et pur, nous le laisserons reposer dans un vase de fer-blanc ou de bois. (Un tonneau de bois de hêtre défoncé d'un côté et placé debout, convient très bien pour cet usage.) Au bout de quelques jours, toutes matières étrangères sont réunies à la surface ; le miel pur est écoulé, à la partie inférieure, par un robinet à clapet d'au moins 35^m/^{m} de diamètre intérieur.

Le miel est vendu au détail dans des bocaux de verre à couvercle métallique vissé, ou en gros dans des bidons de métal ou des tonneaux. M. de Layens dit que les meilleurs pots pour la conservation du miel et sa rapide cristallisation sont ceux en grès ou en terre, simplement recouverts de couvercles. La place la plus convenable pour la conservation du miel et sa prise rapide est une chambre sèche avec un courant d'air qui la traverse constamment. Un grenier est excellent pour cet objet.

5° HIVERNAGE. — Trois conditions sont indispensables pour que l'hivernage ait lieu aussi parfaitement que possible : il faut des provisions suffisantes, beaucoup d'air et le repos le plus absolu.

1° *Provisions.* — Rien n'est plus important, dans la conduite d'un rucher, que de laisser aux abeilles une quantité de provisions largement suffisante pour passer l'hiver. C'est de cette abondance de nourriture que dépend en grande partie le succès de la campagne suivante.

Tous les apiculteurs savent que la précocité et l'abondance de la ponte de la mère sont sous la dépendance, non pas de sa propre volonté, mais absolument subordonnées à la quantité de matières sucrées que les ouvrières départissent à la pondeuse. Or, dans une ruchée prospère, la ponte doit commencer et devenir assez intense dès le mois de mars, c'est-à-dire bien avant l'apparition du miel dans les fleurs, en tous les cas, bien avant l'époque où les abeilles peuvent sortir pour en chercher activement. On sait aussi qu'un œuf ne donne naissance à une butineuse apte au travail extérieur que trente-cinq jours environ après avoir été pondu.

Il en résulte qu'une colonie, pour arriver à temps à son plein développement, c'est-à-dire pour avoir un nombre considérable de butineuses au moment de la miellée, ne doit guère compter que sur les provisions qu'elle possède dans ses rayons au moment de la mise en hivernage. La préoccupation de l'apiculteur ne devra donc pas se borner uniquement à laisser à ses abeilles assez de miel pour ne pas mourir de faim, mais assez pour permettre l'élevage d'un nombreux couvain. On peut poser en principe que toute ruche insuffisamment approvisionnée ne donnera au printemps qu'une colonie faible et peu ou pas de récolte, tandis que la même ruche abondamment pourvue aurait fourni, dès le commencement de la miellée, une population puissante et un surplus de miel, même si l'année est peu favorable et la région seulement moyennement mellifère.

La quantité de miel dont une colonie a besoin pour entretenir sa vie pendant la saison des grands froids n'est pas très considérable, elle est en moyenne de 600 grammes par mois, soit 3 kilos du 1" octobre au 1" mars. Mais, à partir de cette époque, l'élevage du couvain commence à se développer, et la consommation de nourriture pour l'alimentation des larves devient énorme; chaque larve exige, en effet, pour sa transformation en insecte parfait, environ quatre fois son poids de bouillie alimentaire. Lorsque les printemps sont tardifs et froids, la consommation journalière peut dépasser 800 grammes.

C'est ainsi que, l'année dernière, ma ruche sur bascule qui pesait, au moment de la mise en hivernage, 72 kilos 500 (le 13 octobre), ne pesait plus que 57 kilos 600 le 4 mai, époque à laquelle elle a recommencé à augmenter de poids, par suite du début de la miellée. La consommation a donc été de près de 15 kilos pendant l'hivernage.

C'est là une dépense de nourriture qui n'a rien d'exagéré et qui se constate fréquemment sur les fortes ruches à cadres; il convient donc, si l'on veut que ces ruches passent l'hiver sans accident et qu'elles se trouvent puissantes au printemps, de leur laisser de 15 à 18 kilos de miel dans les rayons. La consommation se décompose de la façon suivante, du 1" octobre au 1" mai :

Pour l'hivernage des butineuses........ 3 k. 000
Pour le premier couvain (mars et avril). 8   300
Pour les couveuses au printemps..... 5   000

                                  Total........ 16 k. 300

Les ruches en paille, plus petites, plus faibles et

aussi moins productives, peuvent se contenter de 7 à 8 kilos.

Il est bien préférable de laisser ou de donner toutes ces provisions au moment de la mise en hivernage, c'est-à-dire au mois de septembre, que d'essayer de les distribuer par petites doses successives aux époques où l'on pense que les abeilles en auront besoin. Par les gros froids, elles sont incapables de s'en emparer, ne quittant pas les rayons où elles se tiennent groupées ; elles peuvent mourir de faim à peu de distance d'abondantes ressources.

Lors de la dernière visite d'automne, il est très facile d'évaluer le miel que possède une ruche à cadres ; on sait, en effet, que 3 décimètres carrés d'un rayon, dont les deux faces sont remplies, en renferment 1 kilo. Le cadre de la ruche Layens, par exemple, mesurant 12 décimètres carrés, renferme dans ses cellules, lorsqu'il est plein du haut en bas, 4 kilos. En comptant les rayons et en tenant compte de l'état de plénitude de chacun, un simple et rapide examen permettra de laisser avec certitude ce qui est nécessaire.

Avec les ruches à rayons fixes, l'évaluation des provisions est beaucoup plus difficile, ou, pour mieux dire, impossible, puisque les rayons ne sont accessibles à la vue que sur une faible profondeur. C'est probablement pour cela que l'on n'effectue qu'au printemps la récolte des ruches vulgaires ; il faut une très grande habitude pour se rendre compte, à peu près, des ressources alimentaires qu'elles renferment.

L'abbé Collin estime que la population d'une

ruche en paille de 25 à 3o litres de capacité consomme, du 1" octobre au 1" mai, 7 à 8 kilogr. de miel. Voici un tableau qui permet de se rendre *compte d'une manière* suffisante de la quantité de miel existant dans une ruche fixe. Les chiffres se rapportent à un panier de 25 à 3o litres de capacité, pesé fin octobre ; suivant que les ruches seront plus ou moins grandes, on fera varier d'autant le poids indiqué pour les gâteaux.

	Population très forte sur bâtisse anc.	Population très forte sur bâtisse nouv.
Ruche vide.....	3 k. ooo	3 k. ooo
Cire...........	1 5oo	o 8oo
Abeilles.......	1 6oo	1 6oo
Couvain.......	» »	» »
Pollen.........	o 3oo	o 3oo
Total......	6 k. 4oo	5 k. 7oo

La différence entre le poids brut de la ruche et l'un ou l'autre de ces deux totaux représente à peu près le poids de miel qui y est contenu.

On admet que, dans nos régions, les abeilles trouvent leur existence sur les fleurs à partir du 1" mai ; cela n'est pas toujours vrai. La nécessité de provisions abondantes se fait surtout sentir lorsque les mois de mai et de juin restent froids, parce que, dans ces conditions, la consommation devient énorme. M. de Layens a constaté en 1879, année pendant laquelle le printemps a été tardif et froid, des consommations journalières variant de 370 à 850 gr. par ruche, tandis que dans l'excellente année 1880, pendant la même période, la consommation journalière a été de o à 70 gr. par ruche. Cette observation est si vraie qu'en parcourant les campagnes, il est fréquent de voir des colonies, encore vivantes à la fin de l'hiver, périr dès le début du printemps. Je dirais même que c'est le cas général.

En tous les cas, il vaut mieux donner plus que moins, ce qui reste n'est pas perdu, bien au contraire ; M. Bertrand fait observer, avec juste raison, que la parcimonie, sous ce rapport, est aussi préjudiciable que l'économie des engrais en agriculture.

Les provisions d'hiver ne sont pas disposées dans la ruche d'une manière quelconque, les abeilles ont à cet égard des habitudes auxquelles l'apiculteur devra se conformer, et qui sont basées sur des nécessités biologiques. Si l'on vient à ouvrir une ruche à cadres en bon état, vers la fin d'octobre, et si l'on passe en revue les rayons, on observera que les choses sont disposées naturellement de la manière suivante : en face du trou de vol, 5 à 6 rayons ne contiennent du miel qu'à la partie supérieure, de 500 grammes à 2 kilogrammes au maximum sur chacun, la partie médiane et inférieure de ces bâtisses est vide de miel, et c'est précisément sur cette partie vide que les abeilles se massent ; la partie supérieure de leur groupe seule accède aux provisions, et de bouche en bouche les passe aux ouvrières placées plus bas. Jamais les abeilles ne se réunissent, pendant l'hiver, sur le miel dont le contact leur serait trop froid. A droite et à gauche de ce nid d'hivernage, on trouvera des rayons qui pourront être entièrement pleins, mais ces rayons-là ne seront normalement utilisés qu'à partir des premiers beaux jours, lorsque la température étant redevenue plus douce, le groupe, d'abord compact, se dissociera de plus en plus et que l'élevage du couvain commencera. Les expériences faites par M. de Layens, dans des régions très froides des Hautes-Alpes, ont montré que la hauteur de miel à la partie supérieure des rayons est suffisante pour tout l'hiver, lorsque cette hauteur atteint 6 à 7 centimètres.

Lorsque les colonies ont récolté leurs provisions d'hiver, la mise en hivernage est très facile, en tenant compte de ce qui précède ; mais ce n'est pas toujours le cas, et, dans un rucher, on pourra souvent trouver des familles qui ne sont même pas parvenues à emmagasiner le strict nécessaire et qui seraient en danger de mourir de faim avant le retour des premières fleurs si on ne leur venait pas en aide.

La meilleure nourriture est incontestablement le miel ; si donc on se trouve en présence de l'accident que je viens de signaler, ce qu'il y a de mieux à faire est de donner aux ruchées nécessiteuses les rayons de miel que l'on sort de celles qui possèdent du superflu. Il est à remarquer que cela n'est guère possible avec les ruches à hausses, celles-ci présentant très rarement du surplus dans le corps de ruche ; les cadres des hausses ne peuvent pas servir, puisque leur hauteur est moitié moindre. On est ainsi obligé, dans les années médiocres, de sacrifier la récolte, mais cela est encore préférable que de laisser périr ses abeilles. Je ferai remarquer, en passant, combien il est nécessaire, pour pouvoir opérer facilement cette égalisation des provisions, de n'avoir que des ruches d'un modèle unique dont les cadres soient facilement interchangeables.

Pour se procurer les rayons de miel qui leur manquent, quelques débutants cherchent à en acheter à des apiculteurs souvent éloignés de leur résidence; on m'en a fréquemment demandé à moi-même. Outre que les cadres ainsi achetés n'ont souvent pas les dimensions requises pour entrer dans les ruches que l'on possède, les rayons pleins sont très fragiles et il y a de grandes chances de les voir brisés et rendus inutilisables par le transport.

Il est préférable d'opérer de la manière suivante : on cherchera à se procurer, soit sur le marché, soit chez des fixistes, des morceaux de rayons de dimensions quelconques, des calottes ou des hausses récoltées à la fin de l'été. Ces morceaux seront placés dans un cadre et maintenus entre deux treillis de fil de fer galvanisé, à très grandes mailles, cloués sur les montants du cadre. Au printemps, on trouvera tous ces morceaux vidés et soudés ensemble, formant un rayon susceptible de rendre encore des services après enlèvement des treillis.

Lorsqu'il est impossible de trouver du miel, on devra prendre uniquement du bon sucre cristallisé blanc; les sucres impurs, les cassonades, mélasses, sucres de fruits, etc., ne valent rien et peuvent donner la dysenterie.

Le sucre peut être employé de différentes manières : en nature, sous forme de sirop ou de préparations plus compliquées, telles que le sucre en pâte.

Si l'on veut employer le sirop, on devra le faire très épais ; il sera formé de 10 kilos de sucre pour 6 litres d'eau ; pour empêcher qu'il ne cristallise, il est indispensable d'y ajouter deux cuillerées de crème de tartre ou quatre de vinaigre, ou mieux encore 1 kil. 5 de miel pour la quantité indiquée. Le procédé le plus recommandable pour distribuer ce sirop consiste à l'introduire dans une burette à bec fin et à le verser de haut sur un cadre bâti et dont les cellules sont vides posé à plat ; le liquide pénètre dans les alvéoles ; ceux-ci, pleins d'un côté, le rayon est retourné pour opérer de même sur sa face opposée. Le premier côté ne perd que très peu de sirop, surtout si l'on a eu soin de le recouvrir d'une feuille de papier, et les cadres ainsi remplis sont distribués dans les ruches, le soir à la chute du jour.

Beaucoup de livres recommandent de distribuer le sirop à l'aide d'appareils appelés *nourrisseurs*. Il en existe un très grand nombre de modèles ; les meilleurs, à mon avis, ont le grand inconvénient de réclamer une surveillance quotidienne et d'amener souvent le pillage. J'indiquerai cependant un système de nourrisseur très bon marché, et que l'on peut faire soi-même. Il est formé par une boîte de ferblanc aussi large que haute et d'une contenance d'environ 1 litre ; le fond est remplacé par une toile solide fixée sur le pourtour. La boîte est placée sous le toit de la ruche, sa base de toile reposant directement sur la traverse supérieure des cadres : on remplit la boîte de sirop et on la ferme avec son couvercle; le sirop passe à travers la toile au fur et à mesure que les abeilles s'en emparent. La boîte ne devra être remplie qu'à la tombée de la nuit, car l'administration d'une nourriture liquide pendant la journée peut provoquer le pillage, ou tout au moins, une agitation et des sorties nuisibles. A condition que la température ne soit pas trop froide, les provisions sont enlevées très rapidement, et il faut remplir la boîte tous les soirs jusqu'à ce que la quantité que l'on a l'intention de donner soit atteinte. Les abeilles ne consomment pas ces provisions de suite; elles s'en emparent simplement et les emmagasinent dans leurs rayons pour les besoins futurs.

Pour l'alimentation des ruches au printemps, lorsque les provisions se trouvent insuffisantes à la sortie de l'hiver, on préfère le *sucre en pâte* ou en *nature*.

Le sucre en pâte se prépare de la manière suivante: on fait chauffer un kilo de miel, de manière à le rendre très liquide et l'on y ajoute peu à peu, en pétrissant constamment, 4 kilos à 4 k. 500 de sucre en poudre, de manière à obtenir une pâte très épaisse que l'on étend au rouleau comme une pâte de farine quelconque. Les galettes obtenues sont placées à l'intérieur de la ruche, directement sur les cadres et sous la couverture qui les recouvre. Il est bien entendu que si les cadres sont séparés par des barrettes de métal ou de bois, ces dernières doivent être enlevées pour que les abeilles accèdent facilement à la nourriture.

On peut employer le sucre en nature en faisant

scier dans un pain de sucre des rondelles de 3 à 4 centimètres d'épaisseur humectées d'un peu d'eau; on dispose ces rondelles sur les cadres comme pour le sucre en pâte. On peut aussi alimenter de cette manière les ruches à rayons fixes en forme de dôme; le sommet du dôme sera scié et enlevé, de façon à mettre à nu le haut des rayons sur lesquels on fait reposer directement le morceau de sucre; celui-ci étant recouvert d'un morceau de couverture de laine sera coiffé d'une calotte ou d'un pot de fleur assez grand pour préserver les abeilles de la pluie et de la neige.

On peut alimenter artificiellement les ruches en paille de la manière suivante : le sirop est versé dans une assiette à soupe et le liquide jonché de brins de paille pour empêcher les mouches de se noyer, le soir, l'assiette est glissée *sous la ruche — jamais à l'extérieur,* un pillage général en résulterait ; — il est prudent de retirer pendant la journée le sirop qui resterait, pour en rendre le soir jusqu'à absorption complète du nécessaire. Si le temps n'est pas trop froid, les abeilles transportent rapidement ce sirop dans les rayons. 1 kilo de sirop préparé comme je l'ai dit équivaut à 1 kilo de miel; on compte, à cause du déchet, qu'il faut fournir 11 à 12 kilos de sirop ou de miel pour 10 kilos de ces provisions définitivement operculées pour l'hivernage.

2° *Aération.* — Les abeilles craignent l'humidité et ont besoin d'air pendant l'hiver. C'est une très grosse faute de calfeutrer entièrement les ruches en bouchant toutes les ouvertures; la vapeur d'eau produite par la respiration des insectes se condense, ruissèlle de toutes parts, et les abeilles périssent au milieu de leurs rayons moisis.

L'aération est obtenue très simplement en laissant le trou de vol très largement ouvert, et en perçant, au milieu de la paroi opposée et tout en bas, un trou de la dimension d'une pièce de deux francs, sur lequel on cloue une fine toile métallique galvanisée. Les ruches en paille seront soulevées sur de petites cales de 5 à 6ᵐᵐ de haut. Le courant d'air qui s'établit ainsi *dans le bas de la ruche* balaie incessamment l'humidité et les produits de la respiration qui, plus lourds, tombent à la partie inférieure de l'habitation. En opérant ainsi, il n'y a jamais trace d'humidité ni de moisissure et les rayons restent parfaitement secs. Il est très important qu'aucun courant d'air vif, traversant la ruche de *bas en haut*, ne vienne refroidir le groupe compact formé par les abeilles ; on placera à la partie supérieure des rayons, sous le toit, un simple paillasson épais, un matelas de paille ou de vieilles couvertures de laine reposant directement sur les cadres, et à travers lesquelles il se fait une évaporation très lente ; jamais ce recouvrement ne devra être absolument imperméable.

Toutes ces précautions prises, on peut être certain que les abeilles traverseront la mauvaise saison dans des conditions aussi bonnes que possible, et que le développement du couvain y sera rapide au printemps. Il convient toutefois de dire encore que les colonies en hivernage doivent être laissées dans le *repos le plus absolu*, un choc, même léger, pouvant mettre en émoi les ouvrières serrées les unes contre les autres, rompre leur masse et les faire périr de froid.

Frais d'établissememt du rucher et produit. — Les personnes qui ne sont pas encore familiarisées avec les abeilles pourront commencer avec trois ruches ; le coût de cette installation ne sera pas considérable.

Devis pour l'installation d'un rucher de trois ruches

Achat de trois ruches à cadre, à 15 fr. l'une....	45 fr.
Achat de trois essaims, à 10 fr. l'un..........	30 »
Six kilogr. de cire gaufrée, à 4 fr. 50 le kilogr.,.	27 »
Enfumoir Bingham.......................	5 »
Eperon Voiblet.........................	2 50
Deux cent cinquante gr. de fil de fer étamé, fin.	0 75
Brosse à abeilles.......................	1 25
Total........	111 50

On peut réduire beaucoup ce chiffre en construisant soi-même des ruches assez analogues à la Layens, à l'aide de vieilles caisses doublées de paillassons et de liteaux de plâtrier pour faire les cadres. Les caisses de chocolat Menier de 100 kilos conviennent très bien.

Le *produit d'un rucher* est essentiellement variable suivant la localité, suivant l'année et aussi suivant les soins que l'apiculteur donne à ses abeilles. Il est donc impossible de fixer des chiffres absolument précis ; on a cité, il est vrai, des rendements atteignant 200 kilogr. de miel pour une seule ruche en une seule année, mais, ce sont là des résultats exceptionnels, sur lesquels il ne faut pas compter. Je pense cependant qu'un rendement de 15 à 20 kilogr. de miel, par ruche et par an, peut être considéré comme une moyenne ordinaire, si la contrée et l'année sont quelque peu favorables, moyenne qu'il n'est pas rare de voir beaucoup dépassée. En tous les cas, on peut assurer que la culture des abeilles par les procédés perfectionnés est largement rémunératrice.

CHAPITRE VI

Transformations du miel. — Purification de la cire. — Maladies des abeilles

HYDROMEL. — L'hydromel ou vin de miel était, dit-on, une des boissons favorites de nos ancêtres ; l'usage semble s'en être beaucoup perdu dans notre pays par suite sans doute du peu d'importance de la culture des abeilles et surtout de l'ignorance dans laquelle on se trouve des procédés de préparation. L'hydromel est cependant une boisson aussi agréable que saine lorsque — chose facile — elle est bien préparée ; il rendrait les plus grands services dans les régions montagneuses où la vigne ne pousse pas, mais où, par contre, abondent les bruyères et les plantes mellifères les plus diverses. Des hydromels de la fabrication de M. de Layens, soumis par M. Gayon à l'appréciation de dégustateurs habiles de Bordeaux, furent reconnus posséder les qualités des meilleurs vins blancs ; les uns, suivant l'année, ressemblaient à du vin du Rhin ou à du vin de Jurançon, les autres, plus sucrés, à des vins doux d'Espagne.

Le vin de miel n'est pas autre chose qu'une dissolution de miel dans l'eau, dissolution soumise à la fermentation alcoolique.

Jusque dans ces dernières années, personne n'avait pris la peine d'étudier les fermentations qui se produisent dans les moûts de miel. Quelques apiculteurs seulement possédant chacun une recette empirique plus ou moins bonne fabriquaient au hasard des hydromels le plus souvent médiocres. C'est aux remarquables travaux de M. de Layens, de MM. Gastine et Froissard, Gayon et Derosne et tout récemment de MM. Kayser et Boullanger que nous devons de pouvoir marcher aujourd'hui vers une réussite certaine.

Depuis longtemps on avait remarqué que les eaux miellées, préparées avec les débris de rayons provenant des ruches en paille et contenant par conséquent des impuretés telles que débris de cire, grains de pollen, cadavres de larves, fermentaient beaucoup plus rapidement que les moûts préparés avec les miels d'extracteurs absolument purs. Cette fermentation n'était cependant jamais rapide, elle durait presque toujours plusieurs mois, souvent même deux années entières. Cela tient certainement à une absence complète de ferments dans les moûts et aussi à la présence dans le miel de l'acide formique, antiseptique très puissant.

Deux instruments sont indispensables si l'on veut se rendre compte avec précision de ce que l'on fait, un glucomètre ou un aréomètre Beaumé et un alcoomètre. Le premier de ces instruments plongé dans le moût sucré avant toute fermentation indiquera par une simple lecture le degré d'alcool que le mélange donnera ; en ajoutant alors soit du miel, soit de l'eau, il est facile de régler d'avance la force de la boisson que l'on désire obtenir. A la fin de l'opération l'alcoomètre interviendra pour contrôler les indications du glucomètre. Ces deux instruments sont trop connus pour qu'il soit utile d'en faire ici la description.

On sait que 100 parties de glucose donnent environ 59 parties d'alcool en volume et que le miel bien granulé renferme environ 80 o/o de sucres fermentescibles. En s'appuyant sur ces données il est facile de calculer d'avance la quantité de miel à introduire dans un moût pour obtenir un hydromel d'un degré alcoolique déterminé.

Soit Q le poids de miel par litre.

Soit D le degré alcoolique de l'hydromel à obtenir.

Nous aurons la formule :

$$Q = \frac{100 \times D}{59 \times 80} = \frac{10 \times D}{472} = 0,023 \times D$$

En appliquant cette formule on trouverait que pour obtenir un hydromel à 12°, par exemple, il faudrait 276 gr. de miel par litre.

Les eaux miellées ne contiennent pas naturellement comme les moûts de raisin le ferment qui transforme le sucre en alcool. Il est de toute nécessité, si l'on veut assurer une fermentation régulière

et franche, d'ensemencer le liquide. Les levures sélectionnées provenant de nos grands crûs de vins
donnent des résultats satisfaisants en les introdui-
sant à la dose de 750 gr. à 1 k. par hectolitre. Mais
de récents travaux de M. Derosne ont mis en lumière
ce fait inattendu que le véritable ferment des moûts
de miel était contenu dans le pollen des fleurs, pollen emmagasiné dans les ruches en quantité souvent
considérable. Il y a même tout lieu de penser qu'en
variant les pollens on ferait également varier le goût
et la qualité des hydromels obtenus. On emploie 50
à 100 gr. de pollen frais par hectolitre. Il est non
seulement nécessaire d'ensemencer les moûts avec
un ferment choisi, il faut encore y introduire les sels
nécessaires à son alimentation. Voici une des for-
mules nutritives indiquées par MM. Kayser et Boullanger.

Biphosphate de chaux........	1 gr.	
Phosphate d'ammoniaque.....	2 gr.	par litre de moût
Bitartrate de potasse.........	2 gr.	
Sulfate de magnésie...........	0gr.1	

En plus des sucres qui forment avec l'eau presque
toute la masse du miel, celui-ci contient encore des
quantités notables de dextrine (0.06 à 7.30 o/o) dont la
présence est presque toujours la cause de fermentations de mauvaise nature ; l'emploi des antiseptiques
est absolument indiqué comme palliatif à cette éven-
tualité.

En 1886, MM. Gayon et Dupetit, dans un mémoire
à l'Académie des Sciences, proposaient l'addition du
sous-nitrate de bismuth aux moûts de miel à la dose

de 10 à 12 gr. par hectolitre dans le but d'empêcher les fermentations secondaires. Nous l'emploierons au moment du collage.

Ces préliminaires posés, voici la manière d'opérer que j'emploie moi-même et qui me semble le plus simple. Les chiffres qui suivent se rapportent à un hectolitre de moût de miel à mettre en travail.

Pour obtenir une fermentation rapide assurant dès le début la prédominance absolue du ferment le plus favorable, il convient de préparer un levain, un pied de cuve, si l'on veut, destiné à ensemencer plus tard l'ensemble du moût. On fera dissoudre à cet effet 1.500 grammes de miel dans trois litres d'eau bouillante de manière à stériliser le mélange et on ajoute la formule nutritive ci-dessus. Après refroidissement à 30° on ensemence en y broyant 50 à 100 gr. de pollen frais pris dans une ruche ou 750 gr. à 1 k. de levure de vin.

Le mélange introduit dans une petite bonbonne fermée seulement par un linge, sera maintenu à la température de 20 à 25° qui est la température optimum pour la fermentation des moûts de miel. La fermentation commence dès le premier jour et vers le deuxième ou le troisième elle est assez active ; le levain est prêt. En même temps, on aura préparé un tonneau soigneusement nettoyé, soufré et lavé après soufrage, d'une capacité de 150 litres environ. On y versera un hectolitre d'eau tenant en dissolution une quantité de miel plus ou moins grande suivant le degré alcoolique à obtenir.

A ce point de vue on peut fabriquer deux espèces d'hydromels : de l'*hydromel sec* contenant en moyenne 15° d'alcool et 1 ou 2 o/o de sucre restant, le moût ne devra pas marquer pour celui-ci plus de 24 à 25 o/o de sucre au glucomètre Guyot (soit 13° Beaumé) ; de l'*hydromel liquoreux* qui, avec 13 ou 15° d'alcool, ne diffère du précédent que parce que le taux en sucre s'y élève encore à 4 ou 5 o/o, le moût devra marquer 26 ou 27 o/o au glucomètre Guyot (soit 14 à 15° Beaumé). Ces chiffres correspondent à environ 300 à 350 gr. de miel par litre d'eau. Les hydromels pesant moins de 12 à 13° sont de conservation insuffisante, il est d'autre part difficile d'en obtenir de plus de 15°, les ferments cessant de travailler lorsque ce taux d'alcool est obtenu. On arrive à augmenter la qualité et la conservation des hydromels faibles (de 9 à 12°) utilisés pour la consommation courante en y ajoutant, au moment de la fermentation, 2 à 3 gr. d'acide tartrique par litre.

Le levain en pleine fermentation sera jeté dans le fût et celui-ci simplement fermé à l'aide d'un linge fin, contenant une poignée de coton, et maintenu par 4 clous sur le trou de bonde.

Si la température est favorable et si l'on a le soin d'aérer de temps en temps le moût, en le soutirant et en le reversant dans le tonneau, la fermentation principale se termine en 20 à 25 jours. S'il s'agit d'un hydromel sec on le descendra dans une cave fraîche, *sans le soutirer ;* là, il subira une fermentation complémentaire lente et après 6 mois il sera clair, et bon à consommer après un soutirage et un collage. Au contraire l'hydromel liquoreux sera soutiré de suite et collé pour éliminer les ferments.

La formule suivante est recommandée pour le collage des hydromels :

Tanin à l'éther...............	12 gr.	
Sous-nitrate de bismuth......	12 gr.	par hectolitre
Deux blancs d'œufs...................		

Une difficulté, facile à surmonter, consiste à maintenir constante la température de 25°, nécessaire à la fermentation rapide des moûts. C'est, en effet, en hiver surtout que l'apiculteur a le temps de s'occuper de la fabrication de l'hydromel. M. Derosne a indiqué un procédé très commode permettant d'arriver aisément au résultat cherché. A la partie inférieure du fût soulevé sur des tréteaux, on cloue une plaque en fer-blanc de 15 à 20 centimètres carrés et en-dessous on allume une lampe à pétrole dont le tube est aussi rapproché que possible de la plaque de fer-blanc, puis on recouvre le tonneau d'une ample et épaisse couverture. La chaleur dégagée par le pétrole suffit pour produire une fermentation rapide et régulière.

Les hydromels possèdent souvent un goût cireux très prononcé qui les rend désagréables ; on empêchera ce goût de se produire en n'employant que des moûts filtrés à travers un linge.

ŒNOMEL ET VINS MIXTES. — Le miel peut encore rendre les plus grands services pour l'amélioration du moût provenant de vendanges défectueuses, incomplètement mûres, et qui, livré à lui-même, ne pourrait fournir qu'un vin acide, pauvre en alcool, de mauvaise garde par conséquent et peu agréable à boire.

Lorsque le vigneron est menacé d'un semblable accident et qu'il possède un certain nombre de ruches, l'introduction de miel dans la cuve est hautement recommandable. Le produit récolté par nos abeilles sur les fleurs donnera à notre vin non seulement l'alcool qui lui manque, mais encore une saveur et un bouquet très agréables, tout cela sans bourse délier.

La quantité de miel à ajouter au moût est variable, évidemment, avec la teneur de celui-ci en sucre. J'emploie d'habitude, pour doser la richesse saccharine de mes moûts, le glucomètre du D' Guyot. Tout le monde sait que cet instrument présente trois graduations : la première en degrés Beaumé, la seconde indique la teneur du moût en sucre, et la troisième la quantité d'alcool qui sera produite après la fermentation de la totalité de ce sucre.

Pour rendre mes explications plus claires, prenons un exemple et supposons que le glucomètre plongé dans le moût de raisin considéré affleure à la division 9 de la graduation relative au sucre; une seconde lecture nous indique qu'après fermentation le vin aura une teneur en alcool un peu inférieure à 6° et nous voulons, par l'addition de miel, obtenir un vin à 10°. Nous placerons alors, dans un vase assez grand, 10 litres du jus de raisin et nous y ferons dissoudre du miel jusqu'à ce que l'échelle « *sucre de raisin* » du glucomètre flotte entre les deux divisions 15 et 16 correspondant à 10° d'alcool. Connaissant alors la quantité de miel introduite pour 10 litres, il nous sera facile d'introduire celle nécessaire pour la cuvée tout entière.

Nous arriverions au même résultat à l'aide de la formule générale que j'ai donnée plus haut :

$$Q = \frac{10 \times D}{472}$$

et dans laquelle Q représente le poids de miel à introduire par litre et D le nombre de degrés d'alcool à obtenir.

Si nous faisons $D = 1$

$$Q = \frac{10}{472} = 0.023$$

cela veut dire, en d'autres termes, que pour chaque degré d'alcool à obtenir il faudra ajouter au moût de raisin environ 25 grammes de miel par litre. En appliquant ce chiffre à l'exemple précédent nous trouverions que la quantité de miel à ajouter par hectolitre serait représentée par

$$Q = 25 \times (10 - 6) \times 100 = 10 \text{ kilos.}$$

Il ne faudrait cependant pas croire que le miel va jouer ici le rôle d'excitant et activer la fermentation ; il est même certain que ce phénomène s'effectuera un peu plus lentement qu'avec du moût de raisin pur. Le miel contient en effet de l'acide formique, antiseptique des plus puissants. Il sera pour cette raison convenable d'opérer encore ici par pied de cuve de la manière suivante :

Après avoir déterminé par l'expérience ou par le calcul la quantité de miel nécessaire, on fera dissoudre celui-ci dans une quantité aussi petite que possible de moût préalablement chauffé ; le reste du moût sera mis dans la cuve et dans des conditions favorables à une fermentation rapide ; l'addition de levures sélectionnées à la dose de 750 grammes à un kilo serait ici très recommandable. Ce n'est que lorsque cette fermentation sera devenue tumultueuse que l'on versera le moût miellé dans la cuve en brassant énergiquement la masse. Si la température est convenable, le travail s'achèvera ainsi rapidement et si, par hasard, le vin possédait un léger goût de miel, ce goût disparaîtrait très vite. Je conseille enfin de ne pas égrapper la vendange et de faire cuver les rafles avec le moût.

On peut obtenir un excellent second vin en faisant fermenter de nouveau le marc non pressuré avec de l'eau miellée dans la proportion de 20 kilos de miel pour un hectolitre d'eau ; il faudra ajouter autant d'eau miellée que l'on aura soutiré de premier vin.

Le procédé extrêmement simple que je viens d'indiquer est applicable, dans les mêmes conditions, non seulement à l'amélioration du jus de raisin, mais encore à la fabrication de vins mixtes de miel et de pommes, et de manière générale, de vins mixtes de miel et de fruits quelconques.

Vinaigre de miel. — De même que tous les liquides alcooliques, le miel est capable de subir une transformation nouvelle sous l'influence d'un ferment, le *mycoderma aceti*, qui jouit de la propriété de fixer l'oxygène de l'air sur l'alcool, en le transformant en acide acétique.

Il existe de nombreux procédés pour transformer les liquides alcooliques en vinaigre ; tous s'appliquent à l'hydromel. Nous n'en décrirons qu'un pouvant être mis facilement en œuvre par l'apiculteur.

Le mycoderma aceti est un ferment aérobie qui se développe surtout à la surface du liquide sous la forme d'un voile constitué par des articles d'une ténuité extrême ; il travaille d'autant mieux que le liquide renferme déjà un peu d'acide acétique et que la température est plus voisine de 20 à 25°. Dans les liquides non acides apparait souvent en même temps le *mycoderma vini* (fleurs de vin), qui transforme directement l'alcool en eau et acide carbonique sans passer par la phase acétique.

Si le voile constitué par le mycoderma aceti vient à être plongé au sein du liquide, son aspect se modifie et il acquiert l'apparence d'une masse mucilagineuse d'un volume souvent considérable ; c'est ce que l'on appelle vulgairement la *mère de vinaigre* ; contrairement à ce que croient beaucoup de personnes, il est de la plus haute importance d'éviter son apparition. Sous cette nouvelle forme, en effet, le ferment ne cesse pas de travailler, mais il travaille mal et décompose le vinaigre déjà produit en eau et acide carbonique. Il faut donc se garder avec soin d'immerger le voile de fleurs de vinaigre lorsqu'il est formé.

Ces principes posés, voici comment il convient d'opérer :

On expose au contact de l'air, à une température de 20 à 25°, dans un vase très large, un mélange composé de : hydromel, 1 litre ; eau, deux litres ; vinaigre de bonne qualité, 1/2 litre. Au bout de peu de temps, un voile de mycoderma est formé et servira à ensemencer la masse tout entière d'hydromel à transformer.

On prend un fût de chêne placé debout et l'on adapte à la partie inférieure un robinet de bois pour le soutirage. Le fond supérieur est percé de deux trous, l'un latéral pour le passage de l'air, l'autre central, traversé par un entonnoir en verre dont la tige arrive jusqu'au fond du tonneau ; c'est par là qu'on introduit le liquide pour remplacer le vinaigre fait que l'on aura soutiré. Le dispositif permet de ne jamais rompre le voile pour le transformer en mère. On commence par verser quelques litres de bon vinaigre chauffé à 50°, qu'on laisse ainsi vingt-quatre heures, puis on ajoute l'hydromel et on ensemence en déposant à la surface du liquide une petite quantité du voile préparé par l'opération préliminaire dont nous avons parlé.

Au bout de peu de temps (24 ou 48 heures), si la température est favorable, le voile s'est étendu sur toute la surface et l'acétification a lieu rapidement. Après quinze jours ou trois semaines, on peut soutirer un cinquième du vinaigre qu'on remplace par autant d'hydromel, et ainsi de suite tous les quinze jours.

Le vinaigre de miel est d'un jaune clair ambré, transparent, d'une odeur et d'un goût très francs et très agréables.

On clarifie le vinaigre par des collages à la gélatine ou à la colle de poisson, ou encore avec du lait à raison d'un demi-litre par hectolitre. Au fur et à mesure de son obtention à l'état de pureté absolue, on doit le garder dans des bouteilles bien bouchées, sous peine de le voir se troubler, s'affaiblir et même tomber en putréfaction complète.

EAU-DE-VIE DE MIEL. — L'hydromel donne, par la distillation, des eaux-de-vie excellentes et de goût très fin. Nous ne nous arrêterons pas sur les procédés qu'il convient d'employer pour les obtenir, ces procédés étant identiques à ceux en usage pour la distillation du vin.

Il convient cependant de dire que les eaux-de-vie obtenues de premier jet avec les alambics simples possèdent souvent un goût de cire désagréable lorsque les hydromels qui les ont fournis sont eux-mêmes affectés de ce défaut. Il est alors indispensable, mais dans ce cas seulement, de procéder à une nouvelle distillation du produit obtenu en y mélangeant o k. o25 de crème de lait par litre. La crème s'empare de tous les mauvais goûts et l'on obtient finalement une eau-de-vie dont les qualités gustatives ne laissent rien à désirer.

Au point de vue fiscal, les apiculteurs qui distillent leurs hydromels sont dans une situation tout à fait anormale. Ils ne sont, en effet, pas considérés comme bouilleurs de cru, et la loi qui exempte de toute déclaration les agriculteurs qui distillent les vins, cidres, poirés, marcs, lies, cerises et prunes provenant de leur récolte, n'a pas compris dans cette énumération les produits dérivés du miel. Il en résulte que tout producteur qui distillera, sans déclaration préalable et sans acquitter les droits sur les quantités produites, les résidus de miel et de cire provenant de ses ruches, est considéré comme fraudeur et s'expose à des poursuites. Une circulaire du directeur général des contributions indirectes, en date du 5 juin 1888, rappelle aux directeurs départementaux cette exception en les priant d'exercer une surveillance active sur les producteurs de miel.

Les apiculteurs n'ont cessé de réclamer contre cette situation aussi irrégulière et une interprétation de la loi qui les classe en dehors de la catégorie des récoltants ordinaires et est de nature à porter un préjudice sérieux à une industrie pratiquée en général par de petits propriétaires aussi dignes d'intérêt que les producteurs de vins, de cerises ou de prunes. Jusqu'ici, ces plaintes sont restées vaines, et il ne reste qu'à souhaiter qu'une disposition législative plus favorable intervienne bientôt pour ouvrir un nouveau débouché aux produits de l'apiculture.

PURIFICATION ET BLANCHIMENT DE LA CIRE. — On a toujours, dans un rucher, une certaine quantité de cire inutilisable sous forme de rayons et dont il faut savoir tirer profit en l'épurant et en arrivant à la présenter sous une forme commerciale.

La cire contenue dans les rayons vieux et secs porte le nom de *cire en branches*; on appelle au contraire *cire grasse* celle qui constitue les gâteaux d'où l'on a extrait le miel depuis peu de temps et qui sont encore enduits d'une petite quantité de cette substance. Dans cet état, la cire est inutilisable; il est indispensable pour la livrer au commerce, ou pour l'employer aux différents usages auxquels elle est propre, de la débarrasser des nombreuses impuretés qui y sont contenues, telles que débris de pollen, cadavres de larves, cocons de chrysalides, poussières diverses, qui la colorent, lui donnent un aspect malpropre et lui enlèvent une partie de ses propriétés.

Pour se livrer d'une manière convenable et économique à ce travail, il conviendra d'attendre que l'on possède une quantité assez considérable de matière pour ne faire, par exemple, qu'une ou deux fontes par an. Le premier point, par conséquent, sera de savoir conserver les débris intacts pendant un certain temps.

Le principal ennemi de la cire est la larve d'un papillon de la famille des *Pyralides*, la *Galleria Cerella*, vulgairement appelée *fausse teigne*. Cette larve dévore la cire, l'envahit par ses cocons, et, si les ravages se prolongent, ne laisse plus qu'un amas de tissus soyeux mélangé à une masse spongieuse et molle d'une odeur repoussante.

Dès leur sortie des ruches, les morceaux de rayons à conserver seront, s'ils contiennent encore du miel, lavés dans l'eau tiède, pour être débarrassés aussi bien que possible de la matière sucrée qu'ils contiennent encore ; on les enfermera ensuite dans une caisse ou une armoire bien close où l'on fera brûler de temps en temps une mèche soufrée : les vapeurs sulfureuses détruiront les œufs et les larves de la fausse teigne avant qu'elles aient pu commencer leurs ravages. On peut remplacer l'action de l'acide sulfureux par l'évaporation d'une petite quantité de sulfure de carbone versé dans la caisse. Les eaux de lavage contenant du miel en dissolution serviront à faire de l'hydromel, du vinaigre ou de l'eau-de-vie, après une fermentation convenable.

Il existe différents procédés qui permettent d'obtenir de la cire en pains exempte d'impuretés : tous sont basés sur ce fait que la cire pure d'abeilles fond à une température de 62 à 64° C. et qu'elle se sépare alors spontanément des substances étrangères qu'elle contient par suite de sa densité plus faible, densité qui oscille entre 0,9625 et 0,9675. La fusion peut être opérée soit par l'action des rayons solaires, soit par la chaleur d'un four ou par macération dans l'eau portée au degré voulu. Il convient d'observer que le produit obtenu sera d'autant plus beau et plus parfumé que cette fusion aura été faite à une température plus rapprochée du point de solidification. A sec, dans le four, il arrive souvent que la chaleur étant trop forte, la cire brûle, se volatilise en partie, prend une teinte brune et une odeur moins agréable dont il est difficile de la débarrasser et qui en diminue énormément la valeur.

A ce point de vue, le procédé de fusion dans l'eau est le plus recommandable, à la fois parce qu'il est le moins dangereux et le plus rapide. Il permet de purifier parfaitement les cires les plus impures, tandis qu'avec le cerificateur solaire on ne peut traiter avec succès que les cires en branches relativement propres. Lorsque ces dernières sont trop souillées, le cerificateur solaire ne donne que des résultats incomplets, la plus grande partie de la matière ne s'écoulant pas et étant retenue par les impuretés ; ces mêmes cires placées dans le four ne donnent aussi qu'un rendement très faible et, si on active le feu un peu trop, elles brûlent et tout est perdu.

Quoi qu'il en soit, que la matière à traiter soit en branches ou grasse, il faut, avant toute autre opération, briser les rayons en menus fragments pour dégager autant que possible les cocons de chrysalides et les débris divers et faire plonger le tout dans l'eau pendant deux ou trois jours. De cette manière, le miel encore adhérent se dissout, les matières

Fig. 38. — Cero-extracteur solaire.

étrangères s'imbibent d'eau, ce qui les empêche ensuite de se gorger de cire fondue.

Etudions maintenant les divers procédés :

1° *Fusion par la chaleur solaire.* — J'ai dit plus haut que ce procédé était inapplicable dans le cas de rayons vieux et trop sales ; lorsqu'il s'agit au contraire de rayons assez nouveaux et assez propres, la cire fondue de cette manière est la plus belle et la plus parfumée.

L'appareil employé porte le nom de *cerificateur solaire*; tout rucher bien tenu devrait en posséder un. En principe, il se compose d'une caisse en bois dont le fond est horizontal et a comme dimension 65×50 centim.; la paroi verticale d'arrière a une hauteur de 32 centim., celle de devant 6 centim. seulement; il en résulte que le couvercle de la caisse a une pente assez considérable de l'arrière à l'avant. Ce couvercle est constitué par un cadre vitré fixé à la paroi d'arrière par deux charnières qui permettent de le soulever, et à la paroi d'avant par un crochet qui en assure la fermure. A l'intérieur existe un double fond mobile en fort fer blanc de 62×41 centim., supporté par des tasseaux cloués contre les parois latérales et inclinés d'arrière en avant avec une pente d'environ 10 centim. par mètre; trois des bords de cette feuille sont repliés en haut de 1 centim., celui d'avant seul est replié en bas. A 2 centim. au-dessus de ce double fond est placé un cadre, de même surface que lui et tendu de toile métallique. Les dimensions de la feuille de fer blanc sont telles qu'entre elle et la paroi antérieure peut se placer une petite auge, en fer blanc également, de même longueur que la caisse.

Les débris de cire sont jetés sur la toile métallique, le couvercle vitré soigneusement fermé et la caisse placée bien au soleil. Les rayons solaires, frappant la vitre, élèvent la chaleur intérieure de la caisse, la cire fond, tombe sur la plaque de fer blanc et s'écoule dans l'auge où elle se moule en pains réguliers. Dans son trajet, la matière en fusion abandonne toutes ses impuretés et arrive au terme de sa course absolument pure. Dans une journée favorable, il est possible d'obtenir plusieurs briques de cire.

Le D' Dubini, de Milan, par l'observa:on d'un thermomètre placé dans l'extracteur, a constaté que la cire commence à fondre vers 64 ou 65° sous l'action du soleil et que entre 72 et 88° elle coule librement. De son côté, le D' Bianchetti a fait une série d'observations sur le même objet :

Le 28 juillet, à 9 heures du matin la température à l'intérieur de l'extracteur était.................. 60°,5

A 11 heures .... 78°,1

A midi .... 86°,4

A 4 heures du soir .... 74°

Il est à remarquer que ce jour-là le thermomètre marquait 21° à l'ombre à midi. On a fait subir au cero-extracteur décrit plus haut quelques modifications dans le but de rendre son action plus prompte. On peut peindre en noir l'extérieur de la caisse, ajouter une seconde vitre par-dessus la première choisie déjà en verre épais, permettre enfin à l'appareil tout entier de pivoter sur un support de manière à suivre le soleil dans sa marche et à recevoir toujours normalement ses rayons.

Un cero-extracteur solaire coûte de 14 à 16 francs, mais, avec les indications que je viens de donner, chaque agriculteur pourra le construire lui-même sans difficulté et à un prix encore plus modique.

2° *Fusion au four*. — Le four ne doit pas être trop chaud, une température convenable est celle qui existe après la sortie du pain. Les rayons, réduits en menus fragments, sont disposés sur une toile métallique ou une claie d'osier maintenue par quatre pieds à la hauteur convenable ; au-dessous un récipient de dimensions appropriées et contenant un peu d'eau ; la cire y tombe et se solidifie en galette après le refroidissement du four.

Lorsque l'on n'a qu'une très petite quantité de cire à fondre, on peut simplifier ce procédé de la manière suivante ; les fragments de rayons sont mis dans une passoire ordinaire et celle-ci est maintenue à l'aide de ses deux oreilles au-dessus d'un vase contenant de l'eau (4 à 5 centimètres) ; le tout est placé dans le four du fourneau de la cuisine. La fonte terminée, on laisse refroidir lentement et sans remuer le vase, de manière à permettre aux impuretés qui ont pu traverser la passoire de se déposer au fond.

3° Fusion dans l'eau. — Les procédés précédents ne permettent pas de traiter à la fois de grandes quantités de rayons ; pour celles-ci, c'est le procédé de fusion dans l'eau qu'il faudra employer.

On prendra un récipient métallique assez grand, une cuve de lessiveuse par exemple, et à sa partie inférieure on fera souder un tuyau fermé par un robinet. Le récipient est rempli d'eau propre aux deux tiers environ et portée à l'ébullition ; on y jette alors les fragments à purifier et on remue jusqu'à ce que la fusion soit complète. Il faut avoir soin de ne pas remplir tout à fait la chaudière, de crainte qu'elle ne déborde par l'ébullition et que le feu ne se communique à toute la masse très inflammable.

Lorsque la cire est fondue, on puise dans la chaudière avec une louche et l'on remplit une passoire tenue au-dessus ; à plusieurs reprises, et en même temps qu'on tourne avec une cuiller de bois, on verse sur la passoire de l'eau bouillante que l'on tire par le robinet soudé à la chaudière. L'eau entraîne toute la cire et les impuretés qui restent sur la passoire sont rejetées.

On entoure alors la chaudière d'un linge de laine, de paille, de vieilles couvertures pour que le refroidissement étant lent, l'épuration soit plus parfaite. Le lendemain, la solidification est complète, et les pains retirés présentent à leur partie inférieure une couche plus ou moins épaisse des matières étrangères qui n'ayant pas été retenues par la passoire, sont venues se déposer au fond et constituent le *pied de cire*. On râcle ce pied de cire, et les pains refondus une seconde fois, puis coulés dans des moules, se présentent sous forme marchande.

Les moules les meilleurs sont en terre vernie, mais, à cause de leur fragilité, on les préfère en fer blanc ou en tôle étamée ; la dimension la plus convenable est celle qui donne des pains de 2 kilos.

La coloration des cires après purification est très variable suivant leur origine ; les unes sont jaunes foncé, presque brunes ; d'autre rougeâtres, comme celles provenant du sainfoin, celles produites par la bruyère sont jaune pâle. M. Bertrand faisait même remarquer qu'il serait presque permis de dire : miel blanc, cire foncée ; miel foncé, cire pâle.

On s'est demandé d'où provenait cette coloration : le miel n'influe en rien sur la propriété qui nous occupe, puisque la teinte de la cire est très souvent d'autant plus claire que le miel qui a servi aux abeilles à la fabriquer est plus foncé.

Les travaux du D' A. de Planta, en 1884, ont montré que cette coloration était due à la quantité minime de pollen que les abeilles ingéraient en même temps que le nectar, au moment de la sécrétion des lamelles cireuses. Le pollen du sainfoin est jaune-rougeâtre, celui de la bruyère presque blanc.

Certaines industries exigent des cires complètement blanches; ont est donc obligé de débarrasser celles-ci de la teinte qu'elles possèdent. On y parvient par des procédés chimiques ou par des moyens naturels.

L'acide sulfurique et le chlorure de chaux sont les substances les plus généralement employées.

La cire à blanchir est agitée avec une petite quantité d'acide sulfurique étendu de deux parties d'eau et quelques fragments d'azotate de soude. La quantité d'acide nitrique mise en liberté est suffisante pour détruire le principe colorant.

Le blanchiment à l'aide du chlorure de chaux est très rapide, mais il reste toujours dans la masse des produits chlorés solides qui dégagent de l'acide chlorhydrique pendant la combustion des bougies ou des cierges.

Les procédés chimiques ne sont pas recommandables parce que la cire blanche ainsi obtenue est sèche, cassante, friable et impropre à beaucoup d'usages. Il vaut mieux employer l'exposition prolongée à l'air. La cire fondue est additionnée de 250 grammes de crème de tartre par quintal, puis versée en minces filets sur un cylindre de bois qui plonge en partie dans une cuve pleine d'eau fraîche et auquel on imprime un mouvement de rotation assez rapide.

Au contact de l'eau froide, la cire prend la forme de rubans minces que l'on place sur des châssis de toile; ces châssis abandonnés en plein air subissent l'action alternative de la rosée et des rayons solaires; au bout de huit à dix jours, les matières colorantes sont généralement détruites dans les bonnes cires et le blanchiment est complet; sur d'autres, il faut répéter l'opération plusieurs fois.

Non seulement, en effet, les cires sont diversement colorées et de teinte plus ou moins foncée, mais encore leur blanchiment n'est pas aussi facile avec les unes qu'avec les autres. Ainsi les cires jaunes pâles provenant des bruyères se blanchissent rapidement et même spontanément au bout de quelques mois, tandis que les cires rougeâtres du Gâtinais produites par les sainfoins sont d'une décoloration beaucoup plus difficile.

Animaux nuisibles aux abeilles et Maladies. — *Loque.* — L'une des maladies les plus redoutables des abeilles est la Loque, qui est due à un bacille auquel Cheshire a donné le nom de *bacillus abvel*. Cette affection est éminemment contagieuse; elle est caractérisée par la *pourriture du couvain* dans les cellules. Les colonies attaquées ne tardent pas à périr en répandant une odeur infecte de putréfaction.

Les insectes sont attaqués à toutes les périodes de leur existence, mais c'est surtout à l'aspect des larves que l'on reconnaît la présence de la loque. Celles-ci au lieu d'être, comme à l'état sain, d'un blanc de perle et couchées en rond au fond de la cellule sur leur face latérale, s'allongent horizontalement et souvent se retournent pour reposer sur leur face ventrale; en même temps que leur couleur devient jaune pâle, puis passe au brun. Les larves mortes pour d'autres causes tournent d'abord au gris, puis au noir, jamais au brun. Lorsque la larve loqueuse s'est complètement putréfiée, sa masse se dessèche et finit par se réduire à une écaille brune adhérente à la paroi de la cellule. La mort peut survenir après que la cellule a été operculée, il arrive alors généralement que l'opercule s'affaise en se perçant au centre d'un trou irrégulier; si l'on enfonce, dans une de ces cellules, l'extrémité d'une allumette on verra qu'il y adhère, en la retirant, une matière filante, tenace, de couleur café, qui est tout ce qui reste de la larve morte.

La guérison est très difficile; on a préconisé pour l'obtenir un grand nombre de traitements reposant sur l'emploi de divers antiseptiques.

L'un de ceux qui paraît avoir donné les meilleurs résultats est l'*acide formique* que l'on emploie de plusieurs manières; on peut asperger tous les cadres, abeilles, couvain et miel à l'aide d'une solution à 15.o/o; pour que l'action soit plus durable, on peut déposer la même solution dans une petite auge recouverte de toile métallique et placée sur le plateau, sous les rayons; on renouvelle le traitement tous les 8 jours, pendant 3 semaines environ. De bons résultats ont été obtenus par les fumigations faites avec l'enfumoir allumé, dans lequel on introduit une pastille de 1 gr. de formaline; il faut donner par ruche 10 à 15 bouffées une ou deux fois par jour.

Une petite fiole contenant cette solution d'acide

formique et pendue dans un coin de la ruche est un excellent préventif ; on recommande pour le même objet des sachets de camphre ou de naphtaline.

Dysenterie. — Sous l'influence de l'humidité causée par un mauvais hivernage, ou par suite d'une alimentation mal choisie, on voit les abeilles répandre partout, au début du printemps, des déjections noires et gluantes d'une odeur infecte. Les colonies attaquées peuvent périr ; souvent la guérison est spontanée sous l'influence de la chaleur et de l'aération. Cette affection n'a lieu que dans les colonies mal hivernées, mal nourries ou manquant d'une

Fig. 39. — Grillage pour les trous de vol pendant l'hiver.

aération suffisante ; il est facile de l'éviter en supprimant les causes de son apparition.

Fausse teigne. — La fausse teigne est un papillon gris cendré de la famille des Pyralides *(galleria cerella)* ; les larves, assez grosses, d'un blanc jaunâtre, dévorent les rayons et les transforment en une masse informe de débris de cire reliés par des fils souillés d'excréments sous forme de petits grains noirs. La fausse teigne n'est redoutable que dans les colonies faibles ou orphelines ; les familles puissantes savent très bien s'en défendre en chassant les papillons et en tuant les chenilles.

Les rayons en réserve dans les armoires ou les

caisses deviennent souvent la proie de ces insectes ; il suffit, pour les préserver, de brûler du soufre toutes les 3 ou 4 semaines dans les locaux qui les renferment, ou d'y déposer, dans une assiette, du sulfure de carbone.

Ennemis divers. — Un grand nombre d'animaux : souris, musaraignes, papillons tête de mort, cherchent à pénétrer dans les ruches à l'entrée de l'hiver et, comme ils sont insensibles aux piqûres, les abeilles ne peuvent pas s'en défendre, et les dégâts qu'ils causent sont parfois considérables ; on s'en préserve en plaçant devant les entrées des grillages spéciaux qui ne laissent passer que les abeilles.

TABLE DES MATIÈRES

Chapitre III

Chapitre IV

CHAPITRE V

CHAPITRE VI

Consulter l'ouvrage du même auteur :
R. HOMMELL. *L'apiculture par les méthodes simples.* — 1 vol. in-8° cartonné à l'anglaise, 380 pages. — Carré et Naud, éditeurs à Paris.

Collection à 20 Centimes. — Franco-poste 30 Centimes

Série H. — **Agriculture**

PETITE BIBLIOTHÈQUE AGICOLE

Publiée sous la direction de J. RAYNAUD, directeur de l'Ecole d'Agriculture de Fontaines (Saône-et-Loire)

601	Tome I	Le Sol et les Engrais............	1 vol.
602	Tome II	Matériel et Travaux de culture.	1 vol.
603	Tome III	Les Cultures et leurs Ennemis.	1 vol.
604	Tome IV	Viticulture pratique............	1 vol.
605	Tome V	Le Jardin de la ferme..........	1 vol.
608	Tome VIII	Le Cheval...................	1 vol.
612	Tome XII	Lait, Beurres et Fromages.....	1 vol.

Chaque volume broché, 0.20 — Cartonné, 0.35

Série I. — **Législation**

LES CODES COMPLETS

650 à 652	Code civil.....................	3 vol.
653	Code de procédure civile...............	1 vol.
654	Code de commerce................	1 vol.
655	Code d'instruction criminelle..........	1 vol.
656	Code pénal....................	1 vol.
657	Code forestier. — Table analytique....	1 vol.
658	Table (fin). — Lois constitutionnelles et organiques..................	1 vol.

*Les Codes complets, brochés, **2 fr.**; reliés, **2** fr. **50**.*
— — franco-poste, 0.65 en plus.

Lois usuelles (complémentaires des Codes) groupées dans l'ordre alphabétique

Neuf volumes parus. — N°s 659 à 667 du Catalogue

Lettres A. B. C.

Actes de l'Etat-civil. — Affiches. — Animaux. — Apprentis. — Armées de terre et de mer. — Banque. — Bourses. — Bureau de placement. — Caisses d'épargne, de retraites. — Chambre des députés. — Chasse. — Code rural. — Communes, etc.

Dans toute la France, les commandes de 5 francs et au-dessus sont expédiées FRANCO EN GARE *contre mandat-poste adressé à* M. A.-L. GUYOT, *éditeur* 12, *rue Paul-Lelong, Paris.*

Farine d'Os Pur

Pour l'élevage et l'alimentation du Bétail

OS GRANULÉ

Pour Poussins et Oiseaux de Volière

OS CONCASSÉ

Pour Pigeons, Faisans et Volailles

De REPRODUCTION et de PRODUIT

« Il est incontesté et incontestable aujourd'hui que, de toutes les préparations phosphatées, même les plus solubles, l'**Os en nature** est le plus assimilable. La production de la viande est augmentée, les facultés reproductrices sont assurées, la ponte chez les oiseaux est plus grande.

« Aug. ELOIRE, le *Progrès Agricole.* »

S'adresser à M. Ovide HACHIN
à la Flamengrie (Aisne)

ÉCOLE D'AGRICULTURE

DE SAONE-ET-LOIRE

à *FONTAINES* (Saône-et-Loire)

Cette école a été fondée par arrêté ministériel du 29 Juillet 1892, grâce au concours de l'Etat, du département et de la commune de Fontaines.

Placée au centre d'une région agricole et viticole, elle est dans d'excellentes conditions pour l'instruction théorique et pratique des élèves.

Destinée spécialement à former des chefs de culture et à donner *une bonne instruction professionnelle* aux fils de cultivateurs, elle s'adresse aussi à tous les jeunes gens se vouant à la carrière agricole.

La durée des études est de DEUX ANS.

Les élèves pourvus du diplôme de sortie jouissent de droit d'un certain nombre de points pour les examens d'admission aux Ecoles Nationales d'Agriculture dont l'entrée leur est ainsi plus facile.

Les Examens d'Admission ont lieu chaque année, à la préfecture, à Mâcon, le *3 Août*.

Le prix de la pension est de **500 francs,** payable en trois fois.

Pour être admis, il faut être âgé de *14 ans*

au moins et de *18 ans* au plus, et être pourvu d'une bonne instruction primaire.

A l'Ecole, le temps des élèves est partagé de telle sorte que la **moitié de la journée est consacrée à la théorie et l'autre moitié aux travaux pratiques,** conformément à l'emploi du temps arrêté par M. le Ministre de l'Agriculture.

MATIÈRES ENSEIGNÉES :

**Agriculture et Viticulture. — Machinerie agricole.
Botanique, Géologie, Zoologie.
Maladies des Plantes. — Insectes
Horticulture et Arboriculture. — Physique et Chimie
agricole. — Zootechnie et Hygiène vétérinaire
Français et Mathématiques
Arpentage, Nivellement, Comptabilité.**

Au Directeur, sont adjoints 5 professeurs ou surveillants et 3 chefs de culture.

Fontaines est pourvu *d'une gare* sur le P.-L.-M., à six kilomètres de *Chagny* et dix de *Chalon-sur-Saône,* localités très importantes avec bifurcations sur *Autun, Moulins, Nevers, Charolles, Roanne, Lons-le-Saulnier,* etc.

Fontaines est pourvu d'un *bureau postal* et d'un *bureau télégraphique.*

Pour recevoir *le programme des Cours et des conditions d'admission,* ou tout autre renseignement utile, s'adresser à M. RAYNAUD, Directeur de l'Ecole, à Fontaines (Saône-et-Loire).

LA SOCIÉTÉ GÉNÉRALE

Des Assurances Agricoles et Industrielles

Société anonyme d'assurances contre les accidents

Etablie à Paris, rue Grétry, 5

Capital social : 6 millions

La Compagnie a été autorisée à verser le cautionnement réglementaire pour réaliser les assurances contre les accidents du travail.

Assurances des Accidents du travail
(Loi du 9 avril 1898)

La Compagnie a versé à la Caisse des Dépôts et Consignations le cautionnement exigé par la loi et a été autorisée à rechercher les Assurances des accidents du travail.

Les Polices qu'elle émet sont, quant aux garanties, conformes à la loi et à celles de toutes les Compagnies similaires, mais elles contiennent des conditions beaucoup plus libérales et les primes sont plus raisonnées et plus équitables.

La Compagnie s'est, en outre, fait une spécialité de l'assurance des Syndicats industriels et des Syndicats agricoles. Elle a créé dans ce but des contrats spéciaux dits : *« Polices syndicales avec participation dans les bénéfices »*.

Ces contrats présentent les avantages de la mutualité et offrent toutes les garanties des Compagnies à capital.

Assurances spéciales aux Syndicats agricoles

La Compagnie assure par traité, les membres des Syndicats agricoles les plus importants.

Elle consent aux syndiqués des conditions très libérales.

Opérations générales de la Compagnie

La Compagnie assure :

Toutes les personnes contre les accidents qui peuvent les atteindre, dans n'importe quelle circonstance de l'existence, aussi bien que contre les accidents qu'elles peuvent causer à autrui.

La Responsabilité civile de tous ceux qui occupent des ouvriers dans le Commerce, l'Industrie et l'Agriculture.

La Responsabilité civile des Notaires, des Avoués, des Médecins, des Pharmaciens, des Vétérinaires et des Huissiers.

La Responsabilité civile des Chefs d'Institutions et des Professeurs.

La Responsabilité civile des Propriétaires de chevaux et voitures, d'automobiles et de vélocipèdes.

La Responsabilité civile des Propriétaires ou des principaux Locataires d'immeubles, hôtels, théâtres, concerts, etc.

La Responsabilité civile vis-à-vis des tiers, sous toutes ses formes et dans n'importe quelle circonstance de la vie.

La Compagnie organise des Agences dans toutes les localités et crée dans chacune d'elles un service médical et pharmaceutique.

Elle offre à tous les Indutriels qui désirent se faire garantir contre les conséquences de la loi du 9 avril 1898, les avantages suivants :

Primes très réduites ;

Conditions libérales ;

Sécurité absolue.

S'adresser, pour les renseignements, au Siège social, 5, rue Grétry, à PARIS

ÉCRÉMEUSES · BARATTES
MALAXEURS
SIMON Frères ✱ O. ✱
Const^rs-Méc^ns Fondeurs à CHERBOURG
GUIDE PRATIQUE de la Fabrication du Beurre et CATALOGUE franco.   53
2 GRANDS PRIX ✱ PARIS 1900

BROYEURS · FOULOIRS · PRESSOIRS
PRESSES-CONTINUES
SIMON Frères ✱ O. ✱
Const^rs-Méc^ns Fondeurs à CHERBOURG
GUIDE PRATIQUE du Cidre et
CATALOGUES Cidrerie et Vinification FRANCO.   51
2 GRANDS PRIX PARIS 1900

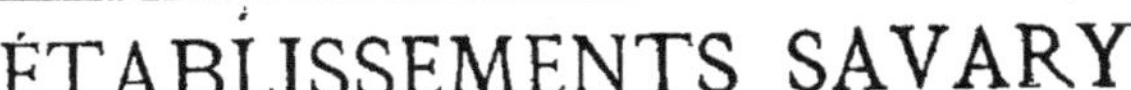

ÉTABLISSEMENTS SAVARY
GAUTIER & Cⁱᵉ Ingénieurs-Constructeurs.
QUIMPERLÉ (FINISTÈRE)
PRESSOIRS A MOUVEMENT VERTICAL
MACHINES A BATTRE
MANÈGES
TARARES, CHARRUES
BARATTES
BROYEURS 'AJONC
Expositions Universelles de Paris 1889 1900 :
2 Médailles d'Or, 4 Médailles d'Argent
115 DIPLOMES D'HONNEUR & MÉDAILLES

PETITE BIBLIOTHÈQUE AGRICOLE

Publiée sous la Direction de J. RAYNAUD

VOLUMES PARUS

PRODUCTION VÉGÉTALE

Tome 1. — Le Sol et les Engrais.
— 2. — Matériel et Travaux de culture.
— 3. — Les Cultures et leurs Ennemis.
— 4. — Viticulture pratique.
— 5. — Le Jardin de la Ferme.
— 6. — Fleurs et Plantes d'agrément.

PRODUCTION ANIMALE

Tome 8. — Le Cheval.
— 11. — Maladies du Bétail.
— 12. — Le lait, beurres et fromages.
— 13. — Manuel d'Apiculture pratique.
— 14. — Économie rurale.

POUR PARAITRE SUCCESSIVEMENT :

Vins et Eaux-de-Vie.
Législation agricole.
Elevage des Chevaux et Bœufs.
Moutons, Porcs et Vers à soie.
Volailles et Poissons.

Un volume broché.................. **0** fr. **20**
— cartonné.................. **0** fr. **30**
Franco-poste, broché : **0** fr. **35**; cartonné : **0** fr. **50**

www.ingramcontent.com/pod-product-compliance
Ingram Content Group UK Ltd.
Pitfield, Milton Keynes, MK11 3LW, UK
UKHW022341090726
13658UKWH00001B/391